水文系统安全管理体系指导手册

主　编　贺小明
副主编　李玉华　李　伟

中国水利水电出版社
www.waterpub.com.cn
·北京·

内 容 提 要

本书以国家和水利安全生产标准化文件为依据，结合水文行业的特点和体系建设要点，详细阐述了水文系统安全管理体系的建设背景、策划、体系主要内容、体系运行与改进、试点单位体系推广等。本书共七章，具体包括水文系统安全管理体系建设背景、水文系统安全管理体系策划、安全管理体系之纲领性文件、安全管理体系之规范性文件、安全管理体系之应用性文件、安全管理体系运行与改进和安全管理体系在试点单位的推广。

本书适合水利行业的相关人员阅读参考。

图书在版编目（CIP）数据

水文系统安全管理体系指导手册 / 贺小明主编. --北京 : 中国水利水电出版社, 2021.12
ISBN 978-7-5226-0286-8

Ⅰ. ①水… Ⅱ. ①贺… Ⅲ. ①水利系统－安全管理－中国－手册 Ⅳ. ①F426.9-62

中国版本图书馆CIP数据核字(2021)第257674号

书　　名	**水文系统安全管理体系指导手册** SHUIWEN XITONG ANQUAN GUANLI TIXI ZHIDAO SHOUCE
作　　者	主编　贺小明　副主编　李玉华　李伟
出版发行	中国水利水电出版社 （北京市海淀区玉渊潭南路1号D座　100038） 网址：www.waterpub.com.cn E-mail：sales@mwr.gov.cn 电话：（010）68545888（营销中心）
经　　售	北京科水图书销售有限公司 电话：（010）68545874、63202643 全国各地新华书店和相关出版物销售网点
排　　版	中国水利水电出版社微机排版中心
印　　刷	北京印匠彩色印刷有限公司
规　　格	184mm×260mm　16开本　11.5印张　280千字
版　　次	2021年12月第1版　2021年12月第1次印刷
印　　数	0001—2500册
定　　价	**120.00**元

本书编写组

主　编　贺小明

副主编　李玉华　李　伟

编　写　（按姓氏笔画排序）

毛　丹　邢　辉　刘　宏　刘松健　李　欢

李　研　李吉涛　余卫国　张兆娣　陈　勇

夏　坤　徐　海　熊　威　颜久安

前　言

为贯彻国家、省以及水利部、湖北省水利厅安全生产工作的方针和政策，进一步强化水文安全生产，构建安全生产长效机制，促进水文安全生产工作深入、细致、全面开展，在充分借鉴水利行业安全生产标准化建设成功经验的基础上，湖北省水文水资源中心（原湖北省水文水资源局，2019年机构改革后更名，以下简称“省中心”）委托武汉博晟安全技术股份有限公司提供技术支持，率先开始水文系统安全生产标准化建设的探索工作，在研究了水利行业大量安全生产标准化达标企业的建设模式及过程后，从中总结出一套规范标准的安全管理体系，并以此为契机进一步推动湖北水文系统安全管理工作。

省中心借鉴水利行业安全生产标准化建设成功经验，基于水文行业的特性，对湖北省水文系统的安全管理工作进行了广泛研究和认真探索，于2017年年底初步构建形成了具有湖北水文特色的安全管理体系。2018年在全省水文系统试运行一年，在运行过程中进行不定期的培训和检查，2019年年初，为了贯彻执行国家关于双重预防机制以及水利部对安全生产标准化最新政策，省中心对现有的安全管理体系进行了完善优化，形成了层级分明、结构合理、内容完整的安全管理体系。为了将最新的安全管理体系真正融入各单位的日常管理工作并有效执行下去，2020年，省中心在荆州市水文水资源勘测局开展安全管理体系推广应用试点工作，巩固体系成果，打造安全管理典范。

本书以国家和水利安全生产标准化文件为依据，借鉴水利行业安全生产标准化建设经验和编者安全管理体系建设的工作经验，结合水文行业特点和体系建设要点，详细阐述了水文系统安全管理体系的建设背景、策划、体系主要内容、体系运行与改进、试点单位体系推广等内容，并结合省中心安全管理体系建设的具体情况进行介绍，力图对水文行业安全管理体系建设有所指导、有所帮助。安全管理体系分为纲领性文件、规范性文件和应用性文件三层，纲领性文件包括安全生产标准化建设指南、安全生产责任体系，规范性文件包括安全管理制度、应急预案体系、安全风险防控手册、隐患排查标准，应用性文件包括安全管理记录表、应急处置卡、应急演练记录表、风险点排查表、岗位风险告知卡、安全检查表。

本书从策划、撰写、统稿、审稿、修改完善到定稿，凝结了编委会和编写组的心血和智慧。在编写过程中得到了湖北省水利厅监督处，荆州、宜昌、黄冈、黄石、咸宁、孝感、十堰、鄂州、潜江市水文水资源勘测局，省水文水资源应急监测中心等单位有关领导的大力支持和专家的热情帮助指导，在此表示衷心的感谢！

由于编者水平有限，文中难免有不妥之处，欢迎广大读者提出宝贵的意见和建议。

编者

2021 年 9 月

目　录

第一章 水文系统安全管理体系建设背景

第一节　水文系统基本情况介绍

中华人民共和国水利部水文司负责组织指导全国水文工作，隶属水利部领导，并直接管理全国水文系统，包括长江、黄河、珠江、松辽、太湖、淮河流域水文管理机构和省、自治区、直辖市水文管理机构。水文司下设综合与规划处、站网管理处、技术管理处、水资源监测处、水质监测处、地下水监测处。

根据最新发布的《2020年全国水文统计年报》，截至2020年年底，全国水文部门共有各类水文测站119914处，包括国家基本水文站3265处（含非水文部门管理的国家基本水文站74处）、专用水文站4492处、水位站16068处、雨量站53392处、蒸发站8处、地下水站27448处、水质站10962处、墒情站4218处、实验站61处。其中，向县级及以上水行政主管部门报送水文信息的各类水文测站71177处，可发布预报站2608处，可发布预警站2294处；配备在线测流系统的水文测站2066处，测流缆道3539座，水质实验室236679m^2。基本建成由中央、流域、省级和地市级共333个水质监测（分）中心和水质站（断面）组成的水质监测体系。

全国水文部门紧跟时代步伐，加快思路转变，锐意创新，持续推进水文改革与发展，以“节水优先、空间均衡、系统治理、两手发力”新时期治水思路为指导，按照“水利工程补短板，水利行业强监督”水利改革发展总基调要求，进一步解放思想，加快推进水文现代化建设，提升水文支撑能力，努力开创水文事业发展新局面。

第二节　水文系统安全管理现状

水文工作主要涉及水文站网规划与建设、水文监测与预报、水资源调查评价、水文设施与水文监测环境的保护等。安全生产管理是各项水文工作能够顺利开展的基本保障，是各项工作的重中之重。水文行业具有“点多、面广、高度分散、汛期水文测报危险大、水文工作季节性强”等特点，这些都给安全管理工作加大了难度。

全国水文的安全生产形势总体稳定，针对汛期水文安全测报工作、水环境监测中心危险化学品管理等方面进行重点整治，但仍存在部分安全问题和矛盾，需要多方面协调解决。以湖北省水文系统的实际情况看，在开展安全管理体系建设之初，安全生产工作存在以下诸多问题：

一是安全管理体系不健全。水文单位普遍未建立健全的应急预案、风险预控机制，仅编制了技术方面的制度，关于作业安全、实验室安全、风险管控等安全管理方面的制度较少，且原有的制度内容与实际工作程序不匹配，可操作性较差，不能为日常的安全管理工作提供依据；应急预案管理较薄弱，不完整，不规范；未建立安全风险数据库及预防机制，因此未能从根本上防范遏制事故和构建安全生产长效机制。原有的安全管理体系与日常工作匹配度不高，功能不完善。

二是安全生产责任体系不完善。省与地市级水文单位、地市级水文单位与内设机构签订有安全生产目标责任书，但缺少与主要岗位人员签订的安全生产责任书，未能做到横向到边、纵向到底。此外，签订的安全生产责任书内容雷同，未能根据各单位（科室）管理重点，有针对性地签订责任书，也未根据各单位（科室）的特点制定安全保障措施，无法真正落到实处。

三是安全生产投入不足。应急物资、安全标识、安全防护用品和消防设备配备不足；部分基础设施标准低，设备老化，未及时进行更换和配置；安全隐患整治经费欠缺，使用欠规范；水环境监测实验室危险化学品安全防护硬件较为薄弱；等等。

四是痕迹管理不到位。安全生产日常文件如规章制度、文件管理、教育培训、隐患整改、安全管理、事故处理等未形成完整的痕迹管理链条，不利于发现安全管理工作中存在的不足和找出改进措施，难以做到有据可依、有据可查，也为如实反映单位安全生产管理的真实过程带来了阻碍和困难。

五是安全管理人员素质有待提升。安全管理效能的发挥，最根本的决定因素是人，水文行业的安全管理人员没有受到正规的安全教育培训，人员不足造成监管的薄弱，安全管理工作难以全面落实。

近年来，水利部积极响应国务院的政策要求，不断推进水利安全生产标准化建设，作为水利分支的水文系统，也在按照有关法规标准要求，逐步建立和规范安全生产标准化管理。

在全国水文系统暂无借鉴经验和明确标准的情况下，湖北省水文水资源中心（以下简称“省中心”）率先开始了探索工作。省中心基于水文行业的特性，借鉴其他水利管理单位的安全管理成功经验，于2017年年底初步构建形成了湖北省水文安全管理体系。经过一年多的试运行，结合体系运行过程中发现的问题，以及新的国家、行业标准规范要求，2019年下半年，省中心邀请专家对现有的安全管理体系进行了优化，形成了内容完整、结构合理的水文安全管理体系。2020年针对安全管理体系的运行情况进行检查和调研，全面指导试点单位将已有的安全管理体系真正运行到实际安全管理工作中，进而全面推进安全管理体系在全省各地市、州水文水资源勘测局落地实施，在试点单位实现了体系落地、落地考核、考核到位的目标。

第三节　安全管理体系建设的必要性

一、国家政策要求

2013年6月，习近平总书记就接连发生的重特大安全生产事故作出重要指示。习近平总书记指出，人命关天，发展决不能以牺牲人的生命为代价。

2016年12月，国务院印发了《中共中央国务院关于推进安全生产领域改革发展的意见》，这是新中国成立以来第一个以党中央、国务院名义出台的安全生产工作的纲领性文件，文件指出“坚持安全发展，坚守发展决不能以牺牲安全为代价这条不可逾越的红线”“大力推进企业安全生产标准化建设，实现安全管理、操作行为、设备设施和作业环境的标准化”。

2020年5月，水利部发布了《水利行业安全生产专项整治三年行动实施方案》，各项整治目标均围绕“从根本上消除隐患”开展，充分体现“决不能只重发展不顾安全”的指导思想。

在当前我国社会发展阶段，和谐安全稳定是人民的基本要求，近年来，国家以及行业针对安全管理体系建设要求颁布了一系列政策文件，且要求越来越严格，水文行业也不能例外，基于此背景下，湖北省水文系统开始了安全管理体系的建设工作。

二、现实需求

安全生产标准化体系在水利各行业已得到广泛的推广与运行，水利行业中水利水电施工企业、水利工程管理单位、项目法人正在积极推进安全生产标准化建设工作，取得了一系列成果。水文行业作为水利行业的分支，也应按照安全生产标准化要求去管理。

水文系统安全管理过程中存在不少的问题，包括安全管理制度覆盖面不全，可操作性差；安全生产责任体系不完善，未能做到横向到边、纵向到底，无法真正落到实处；痕迹管理不到位，安全生产日常文件未形成完整的痕迹管理链条等。因此，水文行业建立安全管理体系显得尤为迫切和必要，不仅是改善安全生产条件、提高管理水平、预防事故的重要手段，而且对保障职工群众生命财产安全有着重要的作用和意义。

三、安全管理体系的重要地位

安全管理体系是安全生产的前提和保证，是单位加强安全管理的基础和依据。没有安全管理体系，安全管理就没有基础、没有依据，安全管理就无从谈起。水利部近几年的安全生产工作要点也对安全管理体系建设提出了明确的要求，要求构建安全生产长效机制，建立单位安全生产风险管控、隐患排查治理体系和应急预案体系等。因此，建立系统性、有效的安全管理体系是安全管理的重要基础性工作，也是各生产经营单位稳定、健康、快速发展的必然条件。

第二章
水文系统安全管理体系策划

第一节　安全管理体系设计思想

一、国家对安全生产工作越来越重视

党中央、国务院高度重视安全生产工作，把能否加强安全生产、实现安全发展，提高到对我们党执政能力的一个重大考验的新高度来加以强调。党的十九大精神提出要深化安全生产领域改革，大力提升安全防范治理能力，坚决防范遏制重特大事故发生。

2010 年 7 月，国务院印发了《关于进一步加强企业安全生产工作的通知》（国发〔2010〕23 号），明确要求“全面开展安全达标。深入开展以岗位达标、专业达标和企业达标为内容的安全生产标准化建设，凡在规定时间内未实现达标的企业要依法暂扣其生产许可证、安全生产许可证，责令停产整顿；对整改逾期未达标的，地方政府要依法予以关闭”。

2013 年 7 月，习近平总书记指出，落实安全生产责任制，坚持管行业必须管安全，管业务必须管安全，管生产必须管安全。

2016 年 12 月，国务院印发了《中共中央　国务院关于推进安全生产领域改革发展的意见》，文件指出“大力推进企业安全生产标准化建设，实现安全管理、操作行为、设备设施和作业环境的标准化”。

2020 年 4 月，习近平指出要针对安全生产事故主要特点和突出问题，层层压实责任，狠抓整改落实，强化风险防控，从根本上消除事故隐患，有效遏制重特大事故发生。

二、水利系统引入安全生产标准化体系

2013 年，水利部为进一步落实水利生产经营单位安全生产主体责任，强化安全基础管理，规范安全生产行为，促进水利工程建设和运行安全生产工作的规范化、标准化，推动全员、全方位、全过程安全管理，发布了《水利部关于印发〈水利安全生产标准化评审管理暂行办法〉的通知》（水安监〔2013〕189 号）、《水利部关于印发〈农村水电站安全生产标准化达标评级实施办法（暂行）〉的通知》（水电〔2013〕379 号）和《水利部办公厅关于印发〈水利安全生产标准化评审管理暂行办法实施细则〉的通知》（办安监〔2013〕

168 号），规范水利安全生产标准化达标评审工作。

2017 年 7 月 31 日，水利部印发了《水利部关于印发〈贯彻落实中共中央国务院关于推进安全生产领域改革发展的意见〉实施办法的通知》（水安监〔2017〕261 号），通知要求“水利生产经营单位是水利安全生产工作责任的直接承担主体，对本单位安全生产和职业健康工作负全面责任，落实全员安全生产责任制，依法依规设置安全生产管理机构，配备安全生产管理人员，实行全过程安全生产和职业健康管理制度，保证安全生产资金投入，建立健全自我约束、持续改进的内生机制，推进水利安全生产标准化建设”。

2018 年 4 月 18 日，水利部发布《水利部办公厅关于印发〈水利安全生产标准化评审标准〉的通知》（办安监〔2018〕52 号），对评审标准进行了修订，进一步规范和完善水利安全生产标准化评审工作。

不难看出，近几年，国家和水利部提到安全管理要求时反复出现的关键词包括“安全管理制度”“安全生产责任”“安全风险管控”“隐患排查治理”“应急预案”等，因此在水文行业还未制定统一的安全生产标准化评审标准时，抓住安全管理工作的重点和要点，建立水文系统安全管理体系，并作为重中之重全面推广开来。

第二节 安全管理体系总体框架

一、安全管理体系组成

安全生产标准化建设是加强安全生产工作的一项带有基础性、长期性、前瞻性、战略性、根本性的工作；是提高单位安全素质的一项基本建设工程，是落实单位安全生产主体责任的重要举措和建立安全生产长效机制的根本途径；是夯实单位安全生产基础，实现单位安全生产工作的规范化、制度化、标准化和科学化，提高单位安全生产水平，保障单位从业人员的安全与健康，促进单位的可持续健康发展的需要。

基于水文行业的特性，借鉴其他水利工程管理单位的安全管理成功经验，提取《水利工程管理单位安全生产标准化评审标准》《危险化学品企业安全生产标准化评审标准》等标准规范文件的重点、要点，形成水文系统安全生产管理体系。安全管理体系包括目标职责、制度化管理、教育培训、现场管理、安全风险管控及隐患排查治理、应急管理、事故管理、持续改进 8 方面建设内容，全面囊括了安全生产标准化创建过程中的体系内容。

二、体系文件层级

通过总结分析各个单位安全标准化运行达标经验，发现以下几项标准化建设内容尤为重要，这些内容作为安全生产标准化纲领性板块支撑了安全生产标准化的整个安全管理体系。

第一层级为体系纲领性文件，即水文系统安全生产标准化建设指南、省中心安全责任体系，作为安全管理体系文件建设、运行等方面的总体要求。

第二层级为支撑整个安全管理体系的规范性文件，包括安全管理制度、应急预案体系、安全风险防控手册、隐患排查标准等，作为单位在体系运行过程中的主要工作依据。

第三层级为管理体系运行过程性记录文件，包括安全管理记录表，应急处置卡、应急演练记录表，风险点排查表，岗位风险告知卡，安全检查表，是安全管理体系在日常运用过程中形成的工作记录。

安全管理体系层级如图 2-1 所示。

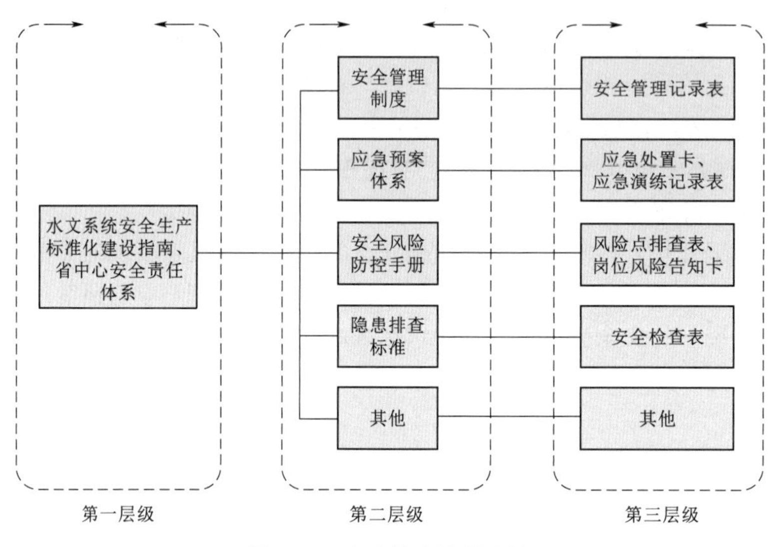

图 2-1　安全管理体系层级

第三节　安全管理体系主要内容

一、全员岗位安全生产责任书

按照“党政同责、一岗双责、失职追责”的总体要求，建立和完善湖北省水文系统安全生产责任体系，结合不同岗位实际，制定全员岗位安全生产责任制，将安全生产责任落实到各级水文单位、部门、基层站（队）、岗位，明确每位职工的安全生产职责。落实全员岗位安全生产责任制是实现水文行业安全生产的重要举措，是从根本上防止和减少生产安全事故的关键，是实现水文行业科学发展、安全发展的有力保障。

以省中心为例，全员岗位安全生产责任书划分如图 2-2 所示。

二、安全管理制度

安全管理制度是安全管理体系的根本，是体系得以执行的依据，只有完善了单位安全管理制度，才能使单位安全管理有据可依、有迹可循，才能使单位生产活动更加有序、安全。

以省中心为例，结合湖北水文行业特色，制定了各级水文单位安全生产管理制度体系。省中心安全管理制度如图 2-3 所示。

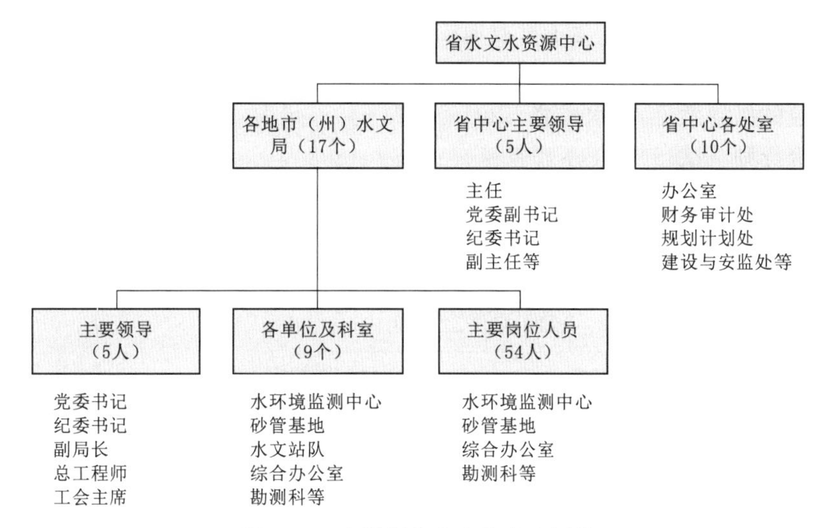

图2-2 全员岗位安全生产责任书

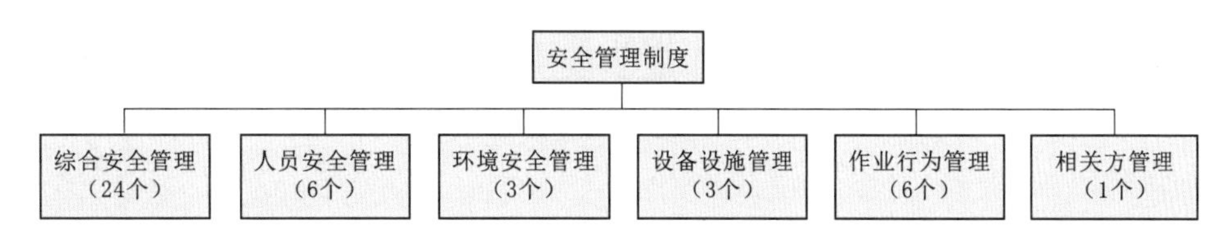

图2-3 省中心安全管理制度

三、应急预案

根据《生产安全事故应急预案管理办法》（应急管理部令第2号）、《生产经营单位生产安全事故应急预案编制导则》（GB/T 29639—2020）等要求，结合风险辨识与评估成果，对“一般”及以上等级的风险，制定专项应急预案，根据专项应急预案规划现场处置方案。

以省中心为例，其应急预案主要内容如图2-4所示。

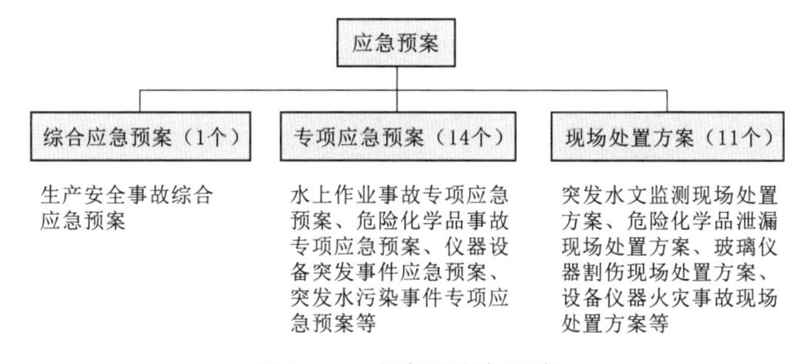

图2-4 省中心应急预案

四、安全风险防控手册

水文行业具有作业种类多、作业环境复杂、多工种作业、多类型仪器设备运行、地域分散等特点，安全风险众多。为了有效地控制并降低水文作业安全风险，减少事故，必须对水文行业各种作业中潜在的安全风险进行辨识和评价。根据《水利部关于开展水利安全风险分级管控的指导意见》（水监督〔2018〕323号），借鉴《水利水电工程施工危险源辨识与风险评价导则（试行）》（办监督函〔2018〕1693号），综合考虑水文系统的实际情况，对安全风险进行辨识评估，形成安全风险预控手册。

以省中心为例，安全风险预控手册大纲内容如图2-5所示。

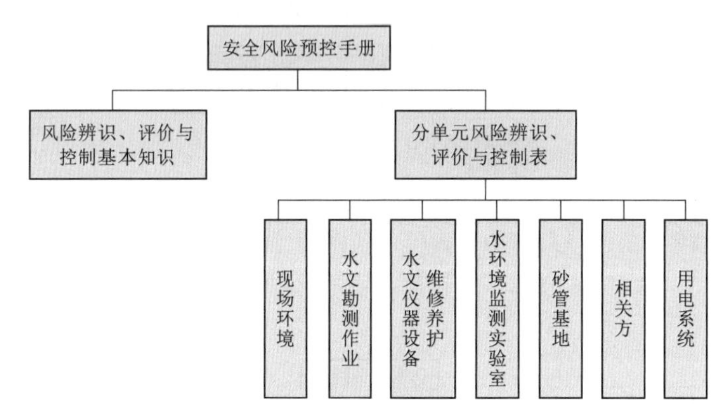

图2-5　省中心安全风险预控手册大纲

五、隐患排查标准

根据安全风险辨识内容、管控措施要求及法规、标准要求，编制形成一套涵盖全面的隐患排查标准。隐患排查标准针对安全基础管理、作业活动、设备设施、生产办公场所等不同检查项目进行划分。开展隐患排查时，根据实际需要，在建立的隐患排查标准中选择适用的隐患排查表即可进行隐患排查工作。

以省中心为例，隐患排查标准主要内容如图2-6所示。

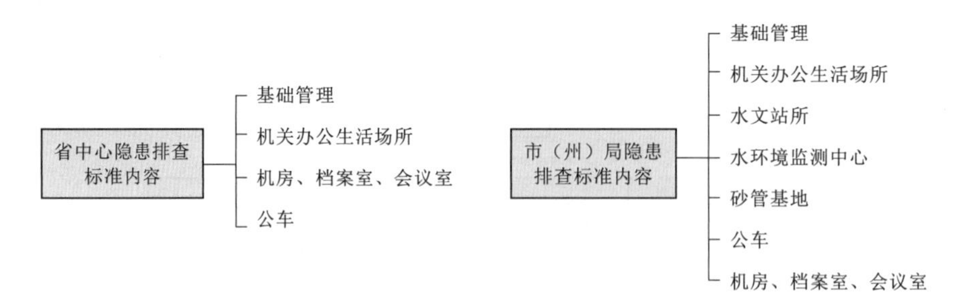

图2-6　省中心和市（州）局隐患排查标准

第四节　安全管理体系建设流程

基于现场调研基础上进行安全管理体系建设，在建设过程中设计双重预防控制体系，两体系相互融合相互促进，提供集体系优化、运行评审、持续改进为一体的安全生产管理提升模式，通过体系运行与体系培训指导，实现水文系统安全管理能力持续提升。省中心安全管理体系建设模式如图 2-7 所示。

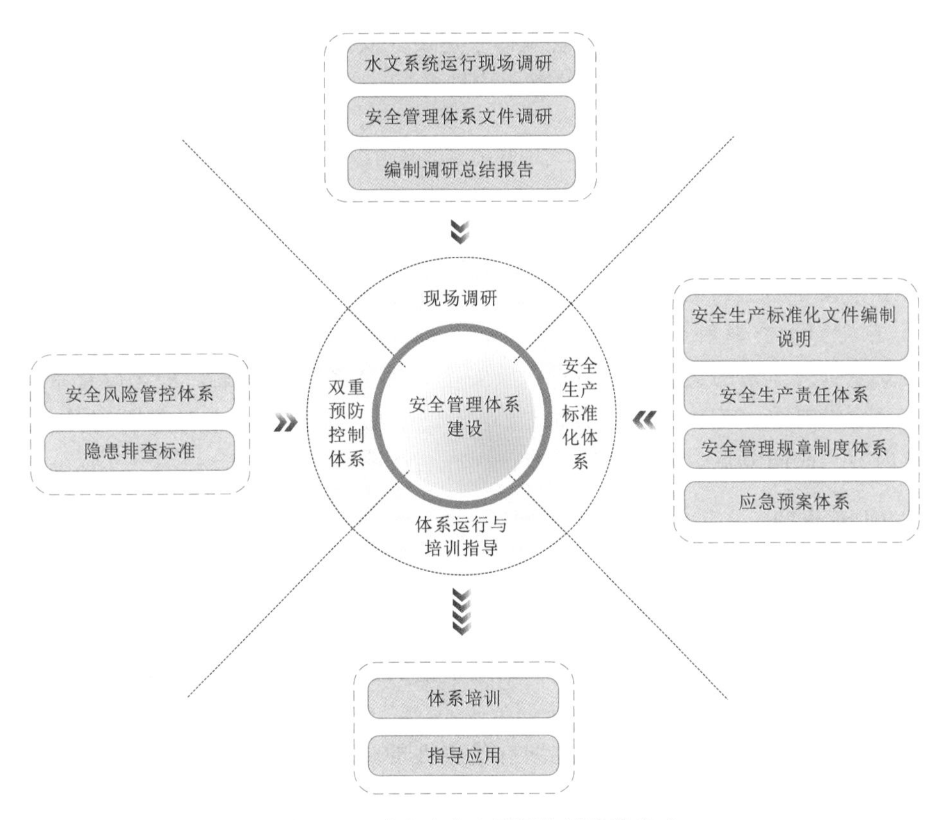

图 2-7　省中心安全管理体系建设模式

下面将以省中心安全管理体系建设进行举例，详细介绍从体系建设、体系优化、体系应用各阶段的开展情况，如图 2-8 所示。

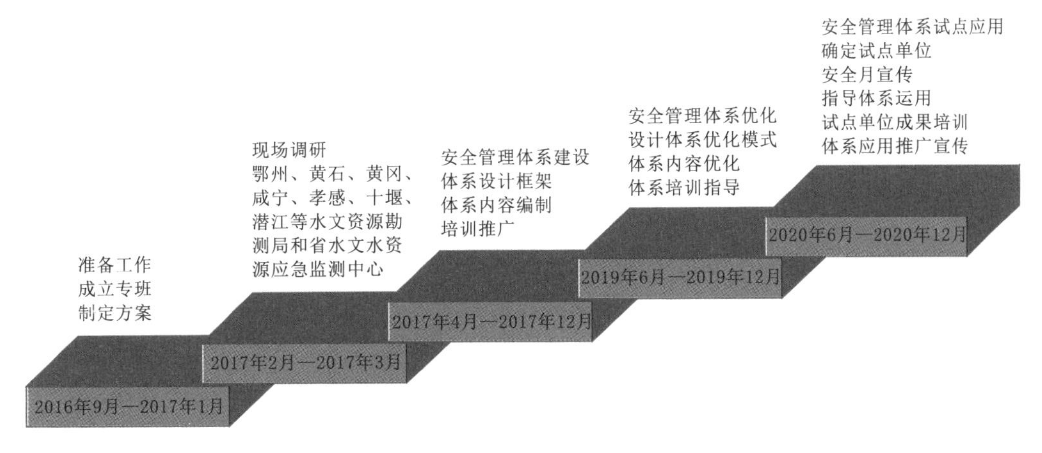

图 2-8　省中心安全管理体系建设阶段

为了切实增强水文安全生产防范治理能力，省中心委托武汉博晟安全技术股份有限公司提供技术支持，以推动全省水文系统安全管理工作迈入标准化、规范化的轨道。根据政策文件的变化及体系运行情况，本着体系要落地、落地要考核、考核要到位的目标，针对性开展“准备工作→现场调研→安全管理体系建设→安全管理体系优化→安全管理体系试点应用”5阶段，促进安全管理体系的落地应用。

一、准备工作

（一）成立专班，明确职责

2017年年初，省中心立项组织开展安全管理体系建设工作，成立湖北水文安全管理体系建设工作领导小组和工作专班。

（二）制定建设方案和工作计划

针对安全管理体系的建设，编制省中心安全管理体系建设方案，从建设背景、目标、建设内容、建设要求、工作计划等方面进行详细规划。工作计划中对阶段划分、完成项目、工作内容、时间节点、人员配置等方面均进行了明确。

二、现场调研

为了彻底摸清全省水文系统的安全管理现状及薄弱环节，省中心派工作小组深入鄂州、黄石、黄冈、咸宁、孝感、十堰、潜江等水文水资源勘测局和省水文水资源应急监测中心进行实地调研，调研重点包括各单位的基本情况、安全管理现状、作业现场。

（1）安全管理现状调研。

在各市、州水文水资源勘测局中选取有代表性的进行调研，深度剖析安全管理现状，充分了解各单位安全管理程序。

（2）作业现场调研。

选取各市、州水文水资源勘测局有代表性的水文观测站、水化室、修试所进行调研，了解单位作业环境，员工工作程序。

最终形成《湖北省水文水资源局安全管理体系建设咨询项目调研报告》《湖北省水文水资源局水环境监测中心安全检查调研报告》《鄂州、黄冈、黄石、咸宁、孝感水文水资源局调研报告》《十堰市水文水资源勘测局项目调研报告》《潜江市水文水资源勘测局项目调研报告》。

三、安全管理体系建设

（一）体系设计框架

根据调研情况，综合考虑湖北省水文系统各层级单位的需求，武汉博晟安全技术股份有限公司不断摸索适用于湖北省水文系统的安全管理方式，经过省中心和武汉博晟的持续沟通交流和探讨，针对水文行业特点，因地制宜地设计既适用于中心机关、中心所属各单位，又上下衔接的体系框架，框架囊括了制度规程、应急机制、安全生产责任体系、安全风险管控等安全管理的重点和核心，初次提出安全管理体系三层级的设计框架。

在安全管理体系建设阶段，处于初步的探索期，安全管理体系决策层文件是《湖北省水文水资源勘测局安全生产标准化文件编制说明》，管理层文件包括《全员岗位安全生产责任书》《安全生产规章制度》《应急预案》《全员岗位安全生产责任书》《水文行业安全风险防控手册》，执行层文件包括各种安全生产记录表格，如图 2-9 所示。

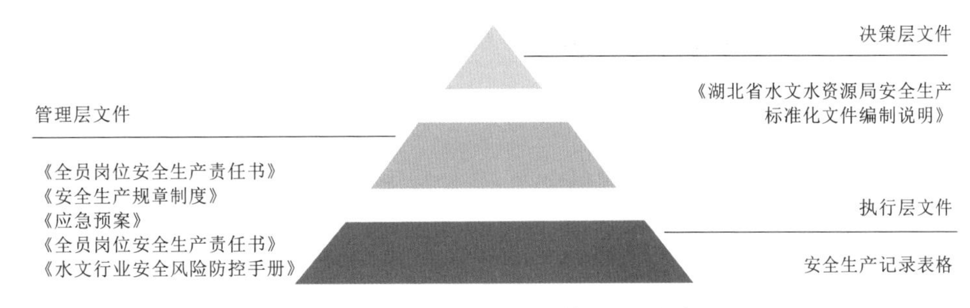

图 2-9 省中心安全管理体系初期框架

（二）体系内容编制

1. 内容编写

省中心编制了完善规范的安全管理制度，共计 42 个，覆盖了人员安全管理、环境安全管理、作业行为管理、设备管理等方面，使得本单位安全管理工作有据可依、有章可循。

为达到建立层次分明、类型齐全的应急预案体系的目标，编制了综合预案，以及涵盖危险化学品泄漏、野外勘测作业、水上作业事故、突发事件水文监测等方面的专项应急预案和现场处置方案 25 个，促使全省水文系统的应急管理转向“从无到有”“从有到全”的新阶段。

为进一步全面落实“党政同责、一岗双责”安全生产责任体系，签订了横向到边、纵向到底、分工明确、责任清晰的《全员岗位安全生产责任书》共计 104 个，涵盖了省中心机关各处室、省中心所属各单位的各位领导、各科室、各岗位人员，促进安全责任层层能落实、级级有保障。

为实现风险预控、关口前移，研究安全风险分级管控机制，在综合考虑水文安全管控重点的前提下，编制了《水文行业安全风险防控手册》，风险辨识范围包括 5 大类 18 小类 600 余条，辨识结果分别以红、橙、黄、蓝 4 种颜色标示不同的安全风险等级，从组织、制度、技术等方面制定有效的管控措施，提升了单位安全生产整体预控能力。

为促进安全管理体系的有效运行，量身定做了一套与制度、应急预案体系文件相匹配的安全生产记录表格，如实反映了安全生产的真实过程，也为安全管理的持续开展提供了痕迹证据。

2. 意见征集、定稿

2017 年 11 月，体系发布前，在省中心机关各处室、省水文水资源应急监测中心、各市州水文水资源勘测局范围内广泛征集意见，共收集到反馈意见 16 份，对意见进行评估和讨论，并对体系相关内容进行调整。省水文水资源局关于征求安全管理体系意见的函如图 2-10 所示，收集到的部分征求意见如图 2-11 所示。

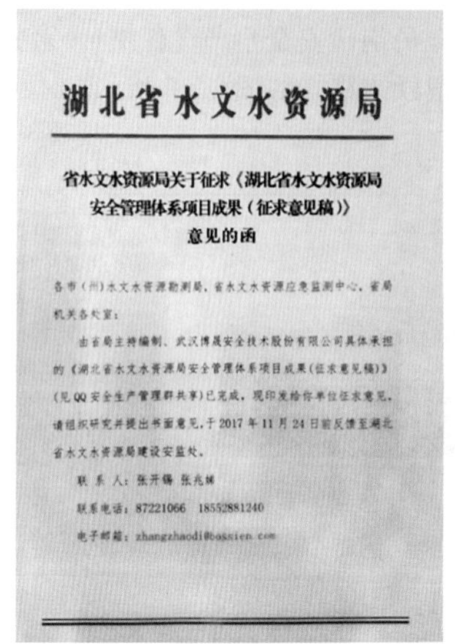

湖北省水文水资源局

省水文水资源局关于征求《湖北省水文水资源局安全管理体系项目成果（征求意见稿）》意见的函

各市（州）水文水资源勘测局、省水文水资源应急监测中心，省局机关各处室：

由省局主持编制、武汉博晟安全技术股份有限公司具体承担的《湖北省水文水资源局安全管理体系项目成果（征求意见稿）》（见QQ安全生产管理群共享）已完成，现印发给你单位征求意见，请组织研究并提出书面意见，于2017年11月24日前反馈至湖北省水文水资源局建设安监处。

联系人：张开锡 张兆娣

联系电话：87221066 18552881240

电子邮箱：zhangzhaodi@bossien.com

附件：1. 征求意见单位名单

2. 征求意见表

湖北省水文水资源局办公室　　2017年11月16日印发

图 2-10　省水文水资源局关于征求安全管理体系意见的函

（三）培训推广

为切实保障全省水文系统安全发展，将安全管理体系真正地融入本单位的日常管理工作中且有效地执行下去，2017 年 12 月，省中心召开了全省水文安全管理培训会，针对安全管理体系的实施要求、体系运行的注意事项、体系运行文件的归档要求等进行了培训，增强了全省水文系统工作人员的安全意识，提高了其安全技能。

2018 年 11 月，针对各地市州水文水资源勘测局安全管理体系的建设现状，省中心印发了《湖北省水文水资源局水文安全管理体系成果运用手册》的通知（图 2-12），要求各单位结合实际进行应用，形成安全生产长效机制。

四、安全管理体系优化

2019 年 5 月，省中心再次委托武汉博晟安全技术股份有限公司根据水利部新的文件精神，对现有的安全管理体系进行优化设计。

（一）体系优化重点确定

以问卷调查的方式，了解全省水文系统安全管理体系目前的使用情况、存在的问题等，选取湖北省水文系统的典型单位，以现场调研的方式实地考察安全管理体系的运行现状，并对调研情况进行整理分析，确定体系优化重点，制定下一阶段的工作计划。

（二）体系内容优化

在原安全管理体系基础上，根据新修订的法规标准和省中心的安全管理变化基础上，对原体系内容进行完善，并增加了隐患排查标准。优化后的省中心安全管理体系如图 2-13 所示。

（1）根据《水利部关于开展水利安全风险分级管控的指导意见》，借鉴《水利水电工程施工危险源辨识与风险评价导则（试行）》，增加风险点（源）划分、完善评价方法、风

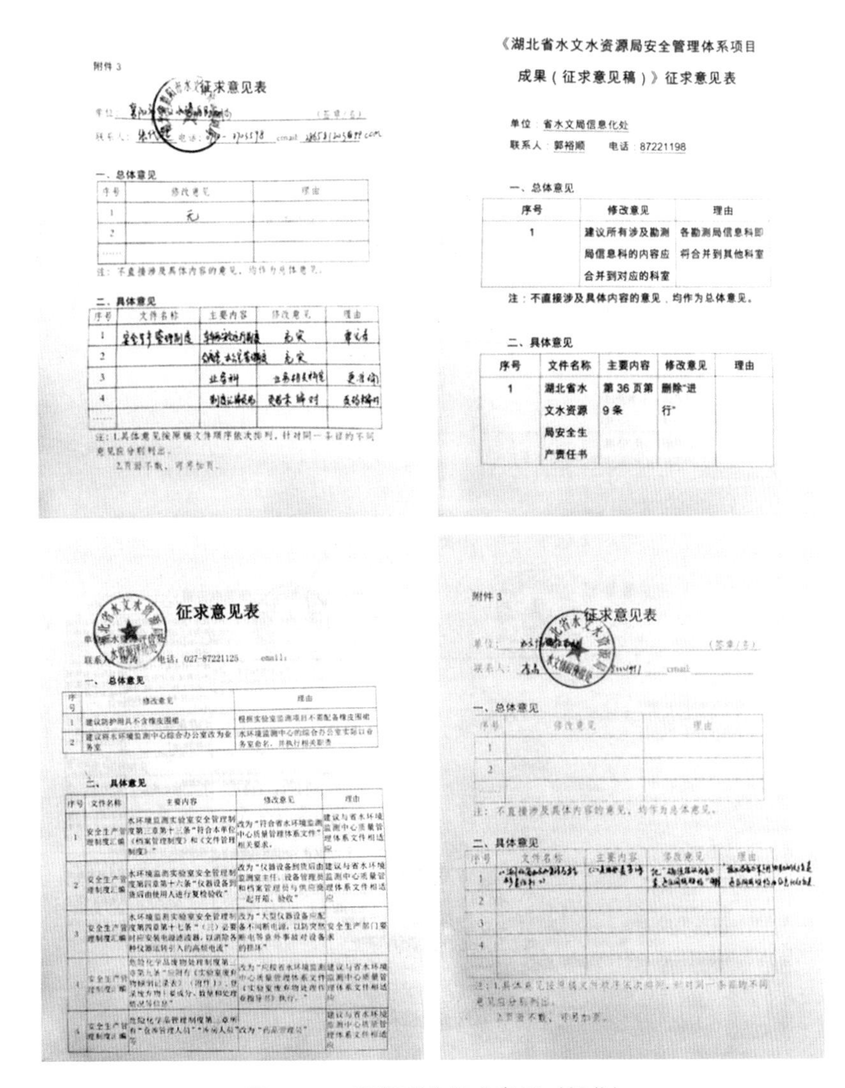

附件 3

征求意见表

单位：[illegible]（签章/名）

联系人：[illegible]　电话：[illegible]-1705578　email：[illegible]

一、总体意见

序号	修改意见	理由
1	无	
2		
……		

注：不直接涉及具体内容的意见，均作为总体意见。

二、具体意见

序号	文件名称	主要内容	修改意见	理由
1	[illegible]	[illegible]	[illegible]	[illegible]
2		[illegible]	[illegible]	
3		[illegible]	[illegible]	[illegible]
4		[illegible]	[illegible]	[illegible]
……				

注：1.具体意见按原稿文件顺序依次排列，针对同一条目的不同意见应分别列出。

2.页面不敷，可另加页。

《湖北省水文水资源局安全管理体系项目成果（征求意见稿）》征求意见表

单位　省水文局信息化处

联系人　郭裕顺　　电话　87221198

一、总体意见

序号	修改意见	理由
1	建议所有涉及勘测局信息科的内容应合并到对应的科室	各勘测局信息科即将合并到其他科室

注：不直接涉及具体内容的意见，均作为总体意见。

二、具体意见

序号	文件名称	主要内容	修改意见	理由
1	湖北省水文水资源局安全生产责任书	第36页第9条	删除"进行"	

征求意见表

单位：[illegible]

联系人：[illegible]　电话：027-87221125　email：

一、总体意见

序号	修改意见	理由
1	建议防护用具不含橡皮围裙	根据实验室监测项目不需配备橡皮围裙
2	建议将水环境监测中心综合办公室改为业务室	水环境监测中心的综合办公室实际以业务室命名，并执行相关职责

二、具体意见

序号	文件名称	主要内容	修改意见	理由
1	安全生产管理制度汇编	水环境监测实验室安全管理制度第三章第十三条"符合本单位《档案管理制度》和《文件管理制度》"	改为"符合省水环境监测中心质量管理体系文件"相关要求。	建议与省水环境监测中心质量管理体系文件相适应
2	安全生产管理制度汇编	水环境监测实验室安全管理制度第四章第十六条"仪器设备到货后由使用人进行复检验收"	改为"仪器设备到货后由监测室主任、设备管理员和档案管理员与供应商一起开箱、验收"	建议与省水环境监测中心质量管理体系文件相适应
3	安全生产管理制度汇编	水环境监测实验室安全管理制度第四章第十七条"（三）必要时应安装电源滤波器，以消除各种仪器运转引入的高频电流"	改为"大型仪器设备应配备不间断电源，以防突然断电等意外事故对设备的损坏"	安全生产部门要求
4	安全生产管理制度汇编	危险化学品废物处理制度第二章第九条"应附有《实验室废弃物标识记录表》（附件1），登录废弃物主要成分、数量和处理情况等信息"	改为"应按省水环境监测中心质量管理体系文件《实验室废弃物处理作业指导书》执行。"	建议与省水环境监测中心质量管理体系文件相适应
5	安全生产管理制度汇编	危险化学品管理制度第二章所有"仓库管理人员""库房人员"等	改为"药品管理员"	建议与省水环境监测中心质量管理体系文件相适应

附件 3

征求意见表

单位：[illegible]（签章/名）

联系人：[illegible]　email

一、总体意见

序号	修改意见	理由
1		
2		

注：不直接涉及具体内容的意见，均作为总体意见。

二、具体意见

序号	文件名称	主要内容	修改意见	理由
1	[illegible]	[illegible]	[illegible]	[illegible]
2				
3				
4				

注：1.具体意见按原稿文件顺序依次排列，针对同一条目的不同意见应分别列出。

2.页面不敷，可另加页。

图 2－11　收集到的征求意见（部分）

险管控层级等内容，重新完善《湖北省水文行业安全风险防控手册》内容。

（2）根据安全风险辨识内容、管控措施要求及法规、标准要求，编制一套涵盖全面的《水文行业隐患排查标准》。

（3）根据修订后的《湖北省水文行业安全风险防控手册》的风险评估结果，重新梳理应急预案体系，针对较大及以上的安全风险制定专项应急预案，根据新增的专项应急预案规划现场处置方案；针对已有的应急预案进行审查修改。

（4）对现有的安全管理制度的执行情况、适用情况、有效性进行修编完善，根据省水文体系最新的岗位职责要求，修订现有的安全生产责任书体系，使职责明确到岗位、个人。

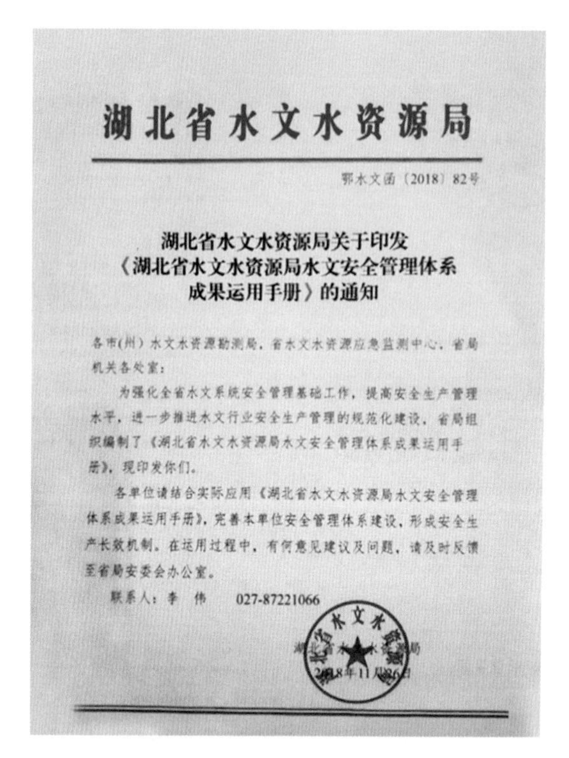

湖北省水文水资源局

鄂水文函〔2018〕82号

湖北省水文水资源局关于印发
《湖北省水文水资源局水文安全管理体系成果运用手册》的通知

各市(州)水文水资源勘测局，省水文水资源应急监测中心，省局机关各处室：

为强化全省水文系统安全管理基础工作，提高安全生产管理水平，进一步推进水文行业安全生产管理的规范化建设，省局组织编制了《湖北省水文水资源局水文安全管理体系成果运用手册》，现印发你们。

各单位请结合实际应用《湖北省水文水资源局水文安全管理体系成果运用手册》，完善本单位安全管理体系建设，形成安全生产长效机制。在运用过程中，有何意见建议及问题，请及时反馈至省局安委会办公室。

联系人：李　伟　　027-87221066

湖北省水文水资源局

2018年11月26日

图 2－12　省水文水资源发布安全管理体系运用的通知

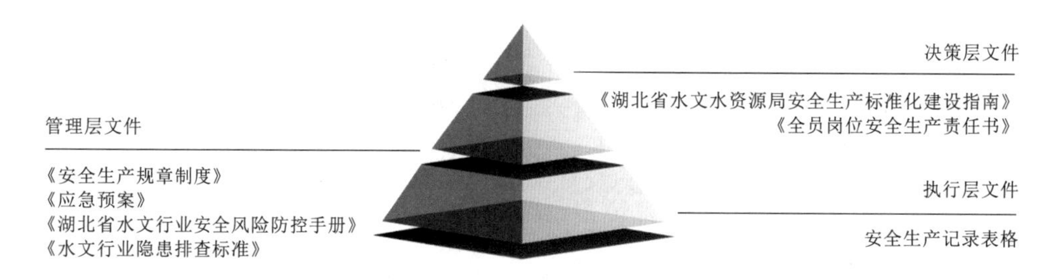

图 2－13　优化后的省中心安全管理体系

（三）体系培训指导

2019 年 12 月，针对湖北省中心安全管理体系优化说明及应用组织了培训指导。

五、安全管理体系试点应用

为切实保障全省水文系统安全发展，将安全管理体系真正地融入各单位的日常管理工作中且有效地执行下去，2020 年上半年，省中心决定开展安全管理体系推广应用试点工作。

（一）确定试点单位

综合考虑单位规模、日常安全管理范围、安全管理水平等因素，对宜昌市水文水资源勘测局、荆州市水文水资源勘测局进行调研，最终选择荆州市水文水资源勘测局为安全管理体系试点单位，确定试点单位的体系文件层级。

（二）安全月宣传

借助2020年安全生产月的契机，在省水文系统内借助海报与展板等方式对安全生产管理体系进行宣传，并开展城市公共安全与应急管理的培训。

（三）指导体系运用

结合荆州市水文水资源勘测局安全生产管理实际，指导试点单位进行体系应用工作：

（1）制定符合单位实际的安全管理制度汇编，指导单位开展管理制度上墙工作，指导单位通过落实制度，开展各项安全管理工作，并形成各项过程管理和结果记录文件，形成较为规范的各类目安全管理档案。

（2）整理单位各岗位人员的安全职责情况，根据试点单位的岗位职责要求及单位意见，指导单位完善并签订各岗位安全生产责任书。

（3）根据本单位安全风险情况，形成本单位的安全风险防控手册，指导单位编制岗位安全风险告知卡，指导编制岗位风险管控措施确认表。

（4）根据隐患排查标准，结合单位实际，制定各类（包括综合、专项、季节性、节假日、日常）安全检查记录表，开展隐患排查治理工作。

（5）结合单位实际，形成本单位的应急预案体系，指导单位针对重要工作场所、岗位的特点，编制简明、实用、有效的应急处置卡。

（四）试点单位成果培训

荆州市水文水资源勘测局安全管理体系经一段时间的有效运行后，组织各地市、州水文水资源勘测局开展体系应用成果参观培训，培训内容包括试点单位体系应用成果以及注意事项等内容。

（五）体系应用推广宣传

为了加强安全管理体系在全省更好地应用推广，武汉博晟安全技术股份有限公司协助试点单位编撰了两篇关于安全管理体系在试点单位的应用过程及成效的文章——《湖北省水文系统安全管理体系的建设与探索》和《以问题为导向，推进湖北水文系统安全管理体系在试点单位的应用》，分别在《湖北水文》杂志2020年第一、第四期进行宣传。

第三章 安全管理体系之纲领性文件

安全管理体系纲领性文件，对安全管理体系文件建设、运行等方面进行总体要求，包括安全生产标准化建设指南（简称“建设指南”）、全员岗位安全责任体系（简称“安全责任体系”）。

建设指南针对安全生产标准化文件的编制、归档、管理等进行了指导，覆盖了单位日常安全管理的方方面面。

安全责任体系结合不同岗位实际，制定全员岗位安全生产责任制，将安全生产责任落实到单位、部门、基层站（队）、岗位、从业人员，明确每位职工的安全生产职责。

第一节 安全生产标准化建设指南

一、建设指南介绍

建设指南作为安全管理体系第一层级文件，系统地、全面地对日常安全管理文件的编制要求进行了说明。建设指南充分结合水文勘测行业的实际，结合水利行业以及水文勘测行业的相关安全要求增加了具有水文勘测行业特色的安全管理要求，参考《企业安全生产标准化基本规范》（GB/T 33000—2016）、《水利工程管理单位安全生产标准化评审标准》《危险化学品从业单位安全生产标准化评审标准》等的要求及武汉博晟安全技术股份有限公司开展安全生产标准化工作的经验和成果，形成了一套适合于水文行业的安全生产标准化建设指南。

建设指南采用图文并茂的形式，内容翔实、重点突出、实用性较好，分章节介绍了安全管理体系建设要点，在常见的重点、难点或者有特殊要求的体系条款处，采用“技巧点拨”的形式进行了解释、拓展，可清晰指导各级水文单位安全管理体系建设应做什么、准备哪些材料、具体怎么做、做到什么程度，以及迎接上级安全检查时资料归档工作的开展，确保文件资料全面无遗漏，内容也能满足检查要求。

二、建设指南主要内容

建设指南根据安全生产标准化的要求，梳理了归档资料清单、要求及迎检资料搜集归档要求，主要包括编制依据、基本术语、基本原则、安全管理体系、安全管理体系运行机制、安全标准化文件编制、附件安全生产标准化体系资料台账7章内容。

（一）安全生产标准化文件编制

安全生产标准化文件编制以《企业安全生产标准化基本规范》（GB/T 33000—2016）为依据，结合水利行业安全生产标准化的建设经验，综合考虑了水文系统的特点，阐述了安全生产标准化文件编制归档的要求和注意事项。

安全生产标准化文件覆盖了安全生产标准化的各要素内容，包括目标职责、制度化管理、教育培训、现场管理、安全风险管控及隐患排查治理、应急管理、事故管理、持续改进。结合安全管理体系建设运行要求，针对安全生产目标、制度化管理、安全风险管控及隐患排查治理、应急管理这些与安全管理体系运行息息相关的内容，进行重点举例说明。

1. 安全生产目标

（1）目标制定。

1）各下级单位必须建立安全生产目标管理制度，明确目标的制定、分解、实施、考核等内容，该制度必须以正式文件颁发。

2）各下级单位必须结合单位实际制定并以正式文件颁发安全生产总目标。安全生产总目标是各下级单位的安全管理工作的指导思想、指导方针，是对社会和职工作出的远景和承诺。

3）各下级单位必须依据安全生产总目标在每年年初制定并以正式文件颁发安全生产年度目标，并制定相应的安全保障措施。

4）安全生产年度目标应包括人身伤害事故控制目标、交通事故控制目标、火灾事故控制目标、隐患排查治理目标、职业卫生目标、危化品管理控制目标等。

技巧点拨

安全生产目标一般包括下列三方面内容：

（1）上级单位所布置、安排的日常工作。

（2）各级水文单位布置的重大安全工作。

（3）结合安全生产实际制定具体的安全生产目标指标，如“无重大安全生产伤亡事故，轻伤事故率控制在3‰以下”。

安全生产目标应体现下列要点：

（1）贯彻国家安全生产法律法规、方针政策的原则。

（2）紧密结合本单位性质、生产经营规模、战略目标和安全生产风险情况。

（3）根据本单位经济、技术状况，既要保证经济、技术可行，又不能过高或过低。

（4）紧密结合本单位的安全生产管理状况，以及水利行业的事故教训。

（2）目标落实。

1）各级水文单位在每年年初必须根据各自在安全生产中的职能对年度安全生产目标进行分解，明确分管领导以及各科室、各岗位人员的安全生产职责。

2）各级水文单位必须逐级签订安全生产目标责任书，明确相应的安全生产目标、安全生产职责、主要措施、考核奖惩、责任期限等内容。安全生产目标责任书内容与安全生产职责应相符。

技巧点拨

对于各下级单位，逐级签订安全生产责任书，是指：

（1）对上：与上级单位签订安全生产责任书，明确双方职责。

（2）对下：与单位主要领导、各单位（科室），各单位（科室）与各岗位人员之间签订责任书。

（3）目标监督与考核。

1）各下级单位必须对安全生产目标的执行情况进行监督，并保留相关检查和评估记录。记录中应包括目标的实施情况、存在的主要问题、目标改进意见等内容。必要时，根据监督检查结果及时调整安全生产目标实施计划。

2）各下级单位定期对安全生产目标的完成效果进行考核奖惩，并保留考核记录。记录中应包括目标的执行情况、存在的主要问题、奖惩意见等内容。

技巧点拨

考核周期和频次可以结合安全检查进行，具体按照本单位相关制度执行。在建立安全生产目标完成效果考核指标时应与各部门所承担的职责相对应，便于考核。严格按照奖惩办法兑现，完成目标的要兑现奖励，没有完成目标的要受到处罚，发挥激励奖惩机制作用。

安全生产目标管理涉及的文件资料台账：

1）安全生产目标管理制度。

2）发布安全生产总目标、年度目标的文件（可包含在年度安全工作计划中）。

3）安全生产目标分解相关文件。

4）安全生产目标责任书。

5）安全生产目标实施情况检查和评估记录。

6）安全生产目标实施计划调整相关文件。

7）安全生产目标完成效果考核奖惩记录。

2. 制度化管理

各级水文单位必须建立健全各项安全生产管理制度，并及时将识别、获取的安全生产法律法规与其他要求转化为本单位规章制度。安全管理制度经正式印发后，发放到所有相关工作岗位，并组织职工培训学习。

制度化管理涉及的文件资料台账：

1）安全生产规章制度汇编。

2）安全管理制度发放记录。

3）安全管理制度培训学习记录。

3. 安全风险管控

（1）安全风险辨识。

1）各级水文单位必须建立安全风险管理制度，明确相关部门的职责以及安全风险辨识与评估的方法、范围、流程、控制原则、回顾、持续改进等相关要求。

2）各级水文单位组织全员对安全风险进行全面、系统的辨识，对辨识资料进行统计、分析、整理和归档；辨识范围应覆盖本单位的所有活动及设备设施，安全风险辨识应采用适宜的方法和程序，且与现场实际相符。

（2）安全风险评价。各级水文单位应选择合适的方法，对所辨识出的存在安全风险的作业活动、设备设施、物料等进行评估；风险评估时，至少从影响人、财产和环境3个方面的可能性和严重程度进行分析。

技巧点拨

根据《风险管理风险评估技术》（GB/T 27921—2011）、国家发展和改革委员会颁发的《危害辨识、风险评价和风险控制推荐作法》，风险评价方法有安全检查表法、作业条件危险性评价法（LEC）、管理因子危险性评价法（LECM）、风险矩阵法、预先危险性分析法、层次分析法、事故树法等。

针对安全管理方面，建议以风险矩阵法为主，涉及检修、施工作业的采用LEC法。

（3）安全风险控制。各级水文单位应根据安全风险评价结果，确定安全风险等级，实施分级分类差异化动态管理，制定并落实相应的安全风险控制措施（包括工程技术措施、管理控制措施、个体防护措施、培训教育措施、应急处置措施），对安全风险进行控制。

（4）安全风险告知。

1）各级水文单位应在重点区域设置醒目的安全风险公告栏，针对存在安全风险的岗位，制作岗位安全风险告知卡，明确主要安全风险、隐患类别、事故后果、管控措施、应急措施及报告方式等内容。

2）各级水文单位应将评价结果及所采取的措施告知从业人员，使其熟悉工作岗位和作业环境中存在的安全风险。

（5）变更风险管理。

1）各级水文单位在变更前，应对变更过程及变更后可能产生的安全风险进行分析，制定控制措施，并履行审批及验收程序，告知和培训相关人员。

2）当发生以下情况，各级水文单位应及时组织变更风险管理：①法律法规、标准规范发生变更或有新的公布；②操作条件或工艺改变；③新建、改建、扩建项目建设；④相关方进入、撤出或改变；⑤对事故、事件或其他信息有新的认识；⑥组织机构发生大的调整。

安全风险管控涉及的文件资料台账：

1）安全风险管理制度。

2）安全风险辨识清单。

3）安全风险评价资料。

4）安全风险控制措施。

5）安全风险动态辨识评价记录。

6）风险告知、培训记录。

7）变更安全风险分析记录。

8）变更安全风险控制措施。

9）变更安全风险分析及控制措施告知培训记录。

4. 隐患排查治理

（1）隐患排查。

1）各级水文单位必须制定并以正式文件颁发事故隐患排查治理制度，明确相关部门的职责和人员、隐患排查的目的、范围与方式、方法、隐患排查工作程序和要求以及相应的奖惩措施。

2）各级水文单位须按照隐患排查治理制度的规定，制定各类活动、场所、设备设施的隐患排查标准或排查清单，明确排查的时限、范围、内容、频次和要求等，及时组织进行隐患排查，并保存隐患排查记录。

3）当发生以下情况，各级水文单位应及时组织隐患排查：①法律法规、标准规范发生变更或有新的公布；②操作条件或工艺改变；③新建、改建、扩建项目建设；④相关方进入、撤出或改变；⑤对事故、事件或其他信息有新的认识；⑥组织机构发生大的调整。

4）各级水文单位必须对隐患进行分析评估，确定隐患等级，并登记建档，包括将相关方排查出的隐患纳入本单位隐患管理，说明隐患所在部位、可能发生的危害、隐患治理情况以及验收情况，并按规定上报。

为了规范各级水文单位安全管理，编写了《隐患排查标准》，该标准分为基础管理、机关办公生活场所、水文站所、水环境监测中心、砂管基地5个方面，供各级水文单位组织开展隐患排查。

（2）隐患治理。

1）对于一般事故隐患，各级水文单位应立即或限期组织整改。

2）对于重大事故隐患，由各级水文单位主要负责人组织制定并实施事故隐患治理方案，治理方案应包括目标和任务、方法和措施、经费和物资、机构和人员、时限和要求，并制定应急预案。重大事故隐患排除前或排除过程中无法保证安全的，应从危险区域撤出作业人员，疏散可能危及的人员，设置警戒标志，暂时停产停业或者停止使用相关装置、设备、设施。

3）隐患治理完成后必须及时对治理情况进行验证和效果评估，保存相关记录。

4）各级水文单位对事故隐患排查治理情况如实记录，至少每月进行统计分析，通过信息化系统对隐患排查、报告、治理、销账等过程进行电子化管理。

隐患排查治理涉及的文件资料台账如下：

1）隐患排查治理制度。

2）隐患排查治理标准或排查清单及培训记录。

3）隐患排查记录。

4）隐患汇总登记台账。

5）隐患登记档案。

6）一般事故隐患整改治理记录。

7）重大事故隐患治理方案。

8）重大隐患应急预案。

9）隐患治理情况验证和效果评估记录。

10）事故隐患排查治理情况统计分析记录。

5. 应急管理

（1）应急预案。

1）各级水文单位必须在开展安全风险评估和应急资源调查的基础上，建立健全生产事故应急预案体系，制定并以正式文件颁发生产安全事故应急预案。

2）针对安全风险较大的重点场所（设施）编制重点岗位、人员应急处置卡，并按规定将应急预案报当地主管部门备案，通报有关应急协作单位。

技巧点拨

（1）各级水文单位申请应急预案备案，应当提交的材料包括：应急预案备案申请表、应急预案评审或者论证意见、应急预案文本及电子文档、风险评估结果和应急资源调查清单。

（2）各级水文单位应按照《生产安全事故应急预案管理办法》（应急管理部令第2号）的相关要求，水文单位可以根据自身需要，对本单位编制的应急预案进行论证，经论证后，由本单位主要负责人签署，向本单位职工公布，并及时发放到本单位有关部门、岗位和相关应急救援队伍。

3）各级水文单位必须定期对应急预案进行评估，并根据评估结果和实际情况修订完善应急预案，修订后正式发布，必要时组织培训，并按规定将修订的应急预案报备。

（2）应急演练。各级水文单位必须根据本单位的事故风险特点，每年至少组织一次综合应急预案演练或者专项应急预案演练，每半年至少组织一次现场处置方案演练，做好演练记录，对演练进行总结和评估，修订完善应急预案，改进应急准备工作。

应急管理涉及的文件资料台账如下：

1）应急预案。

2）应急预案论证材料或评审记录。

3）应急预案备案记录。

4）应急预案评估记录。

5）应急预案修订记录。

6）应急预案培训记录。

7）应急演练记录。

8）应急演练效果总结、评估记录。

9）应急预案修订记录。

（二）安全生产标准化文件归档要求

1. 档案管理组织机构

明确管理档案的职能部门或档案管理组织机构的职责，任命档案管理人员分管档案工作，及时解决归档过程中存在的问题。

2. 收集与归档

（1）文件资料搜集归档。各级水文单位日常管理过程中及安全管理体系运行过程中均会产生各类文件和记录，应根据管理要求按照文件产生的时间和文件类别及时进行搜集和归档。

归档过程中，应注意将材料进行分类整理，按照文件产生的时间顺序放在对应的档案盒或文件袋中。档案盒或文件袋外应贴有标签，说明档案类别；档案盒或文件袋上应附有档案目录，目录应和资料一一对应。

如某省水文局制定了安全生产目标管理制度，发布了安全生产总目标和年度安全生产目标分解文件，并逐级签订了安全生产目标责任书，并对安全生产目标的实施、完成情况分别进行了监督检查和考核，那么以上文件需要按照产生的时间顺序收录在贴有“安全生产目标”的档案盒或文具袋中。

（2）档案盒要求。

1）档案盒应干净、整洁、无破损。

2）档案盒外贴上对应的档案项目名称：当一个档案盒装不下时，可分多个档案盒装，并在档案盒侧边贴上考核项目的名称和序号，如“安全生产目标”需要两个盒子装时，可分别贴上“安全生产目标（一）”“安全生产目标（二）”的标签，以此类推。

3）档案盒内应贴有档案目录：根据放在档案盒中的资料，按照文件产生的先后顺序和考核要求，按照顺序编写该档案盒的档案目录，以便于查阅资料。

第二节　安全生产责任体系

一、建立背景

水利部印发了《水利部关于印发〈贯彻落实中共中央　国务院关于推进安全生产领域改革发展的意见〉实施办法的通知》（水安监〔2017〕261 号），通知要求“健全落实安全生产责任制”，提出了 4 点要求：一是严格落实水利生产经营单位主体责任；二是明确部门监管职责；三是健全监督管理机制；四是严格责任追究制度。

2016 年 11 月，四川省人民政府安全生产委员会印发了《四川省人民政府安全生产委员会关于进一步落实企业全员岗位安全生产责任制的指导意见》（川安委〔2016〕8 号），意见指出“落实企业全员岗位安全生产责任制是实现企业安全生产的重要措施，是从根本上防止和减少生产安全事故的关键”。

2016 年 12 月，湖北省安全生产委员会办公室印发了《省安委会办公室关于进一步落实企业全员岗位安全生产责任制的指导意见》（鄂安办〔2016〕72 号），意见指出“岗位是企业安全管理的基本单元。企业应根据各岗位工作内容，结合不同岗位实际，制定全员岗位安全生产责任制，建立考核评价体系，保证相关安全生产责任可执行、可考核，实现企业安全生产全链条责任实名追溯”。

2017 年 6 月，陕西省安全生产委员会印发了《关于进一步落实企业全员岗位安全生产责任制的指导意见》（陕安委〔2017〕12 号），意见指出“岗位是企业安全管理的基本单元，落实全员岗位安全生产责任，必须做到各层级、各岗位全覆盖”。

经过现场调研发现，湖北各级水文单位每年均从上至下签订责任书，但是普遍存在“安全职责雷同”“一人多岗”等现象，亟须对各级水文单位的安全责任体系进行调整，对一人负责多岗位的安全职责进行合并调整，同时删除属于工作职责而不属于安全职责的内容，确实做到安全职责清晰、内容精练，一人签订一份安全生产责任书。

因此，按照“党政同责、一岗双责、失职追责”的总体要求，建立和完善各级水文单位安全生产责任体系，结合不同岗位实际，制定全员岗位安全生产责任制，将安全生产责任落实到单位、部门、基层站（队）、各岗位人员，明确每位职工的安全生产职责，进一步规范水文安全生产秩序，坚决杜绝较大及以上生产安全事故，最大限度减少一般生产安全事故，促进水文安全生产形势持续稳定。落实全员岗位安全生产责任制是实现水文行业安全生产的重要措施，是从根本上防止和减少生产安全事故的关键，是实现水文行业科学发展、安全发展的有力保障。

二、安全生产责任体系的构成

《全员岗位安全生产责任书》按照横向到边、纵向到底的原则，制定了包括各级水文单位党政主要负责人、分管安全工作负责人、分管专项（部门）工作负责人、各职能科室和所有岗位人员的安全生产职责。

安全责任体系包括省、市单位两个层级，各层级全员岗位安全生产责任书具体划分如下：

（一）省级水文单位全员岗位安全生产责任书

（1）党委副书记安全生产责任书。

（2）纪委书记安全生产责任书。

（3）副主任安全生产责任书。

（4）副主任兼工会主席安全生产责任书。

（5）调研员安全生产责任书。

（6）办公室安全生产责任书。

（7）党群办公室安全生产责任书。

（8）建设安全管理部门安全生产责任书。

（9）财务审计管理部门安全生产责任书。

（10）规划计划管理部门安全生产责任书。

（11）人事教育管理部门安全生产责任书。

（12）水文情报预报管理部门安全生产责任书。

（13）水文勘测管理部门安全生产责任书。

（14）水资源评价管理部门安全生产责任书。

（15）信息化管理部门安全生产责任书。

（16）省与各下属单位安全生产责任书。

（二）省属下级单位全员岗位安全生产责任书

（1）党委书记安全生产责任书。

(2) 纪委书记安全生产责任书。
(3) 副局长安全生产责任书。
(4) 总工程师安全生产责任书。
(5) 工会主席安全生产责任书。
(6) 各水文站管理部门安全生产责任书。
(7) 综合办公室安全生产责任书。
1) 综合办公室副主任安全生产责任书。
2) 综合办公室综合治理管理岗安全生产责任书。
3) 综合办公室机关后勤管理、机关食堂管理岗安全生产责任书。
4) 综合办公室公文收发及档案管理岗安全生产责任书。
5) 综合办公室人事、党建及文明创建综合管理岗安全生产责任书。
6) 综合办公室人事劳资管理岗安全生产责任书。
7) 综合办公室水电管理岗安全生产责任书。
8) 综合办公室司机岗安全生产责任书。
9) 综合办公室综合文秘宣传管理岗安全生产责任书。
(8) 信息管理部门安全生产责任书。
1) 信息管理部门副部长安全生产责任书。
2) 信息管理部门网络管理岗安全生产责任书。
3) 信息管理部门信息运行维护岗安全生产责任书。
4) 信息管理部门仪器管理岗安全生产责任书。
(9) 水资源管理部门安全生产责任书。
1) 水资源管理部门副部长安全生产责任书。
2) 水资源管理部门水环境监测岗安全生产责任书。
3) 水资源管理部门水资源评价岗安全生产责任书。
(10) 水情管理部门安全生产责任书。
1) 水情管理部门副部长安全生产责任书。
2) 水情管理部门情报预报岗安全生产责任书。
3) 水情管理部门软件及网络管理岗安全生产责任书。
(11) 勘测管理部门安全生产责任书。
1) 勘测管理部门副部门安全生产责任书。
2) 勘测管理部门基本建设岗安全生产责任书。
3) 勘测管理部门新技术新方法应用岗安全生产责任书。
4) 勘测管理部门资料整编岗安全生产责任书。
5) 勘测管理部门综合岗安全生产责任书。
(12) 财务管理部门安全生产责任书。
1) 财务管理部门副部长安全生产责任书。
2) 财务管理部门出纳岗安全生产责任书。
3) 财务管理部门会计岗(兼资产岗)安全生产责任书。

（13）砂管基地安全生产责任书。

1）砂管基地副主任安全生产责任书。

2）砂管基地综合组组长安全生产责任书。

3）砂管基地司机岗（汽车驾驶）安全生产责任书。

4）砂管基地船员岗安全生产责任书。

5）砂管基地执法组组长安全生产责任书。

6）砂管基地执法组执法队员岗安全生产责任书。

7）砂管基地炊事员岗安全生产责任书。

8）砂管基地内勤岗（负责文书档案出纳）安全生产责任书。

（14）水环境监测中心安全生产责任书。

1）水环境监测中心副主任安全生产责任书。

2）水环境监测中心技术负责人安全生产责任书。

3）水环境监测中心质量负责人安全生产责任书。

4）水环境监测中心业务室主任安全生产责任书。

5）水环境监测中心监测室主任安全生产责任书。

6）水环境监测中心监督员安全生产责任书。

7）水环境监测中心安全（检查）管理员安全生产责任书。

8）水环境监测中心核查人员安全生产责任书。

9）水环境监测中心标准物质管理员安全生产责任书。

10）水环境监测中心档案管理员安全生产责任书。

11）水环境监测中心检测（人）员安全生产责任书。

12）水环境监测中心样品管理员安全生产责任书。

13）水环境监测中心采样人员安全生产责任书。

14）水环境监测中心内审员安全生产责任书。

15）水环境监测中心授权签字人安全生产责任书。

16）水环境监测中心提出意见与解释人员安全生产责任书。

17）水环境监测中心药品管理员安全生产责任书。

18）水环境监测中心设备管理员安全生产责任书。

（三）部门及岗位人员安全生产责任书示例

1. 水环境监测中心安全职责

（1）认真贯彻执行党和国家的安全生产、危险化学品、检测等方针、政策、条例、法规，配合机关开展安全生产工作，全面负责分中心安全生产等各项工作，组织实施上级下达的各项安全生产任务与计划。

（2）贯彻、落实分中心安全生产目标，并监督检查管辖范围安全生产目标的完成情况，严格落实安全生产目标的考核奖惩。

（3）落实安全生产责任制，参与各项安全生产规章制度、操作规程的编制，并按照制度要求进行管理。

（4）组织进行环境因素和危险源辨识、风险评价，加强危险源管理，参与重大危险源普查、登记、报告和监控工作，建立健全重大危险源和重大隐患管理档案。

（5）推行安全生产网格化管理，组织落实安全网格员，摸清分中心网格内安全生产现状，指导建立健全网格安全生产基础数据台账，将网格内安全生产信息纳入安全生产隐患排查治理标准化、数字化管理系统和水利部安全生产信息填报系统，及时报送相关信息。

（6）组织进行隐患排查，组织人员对网格区域的门、窗、锁、消防设备，网格区域水、电以及办公室内电脑、打印机等电器使用情况进行定期或不定期的安全巡查，对发现的问题督促隐患整改的落实。

（7）预防、控制和消除职业病危害，配备相适应的职业健康保护设施、工具和用品，确保职业卫生责任到位、投入到位、管理到位、防护到位和应急救援到位。

（8）做好网格区域内应急管理工作，储备应急物资，建立应急装备、应急物资台账，组织编制生产安全事故应急救援预案与应急演练。

（9）负责分中心人员的安全生产教育工作，提高职工作业安全意识，组织职工学习本行业的规范和各项技术要求，采取有效措施，确保各项基本业务工作的安全。

（10）落实安全生产有关经费，确保下达的经费按规定使用，保证安全生产投入的有效实施。

（11）在分中心内部建立适宜的沟通机制，并就确保与安全管理体系有效性的事宜进行沟通，充分发挥各职能部门的作用，协调各部门的工作。

（12）批准分中心的安全生产发展规划和年度工作计划，配备分中心的检测资源，确保资源（人、设施、设备及所需物品等）满足检测和安全生产工作需要。

（13）加强对分中心危险化学品、易燃易爆物品、有毒有害物质的规范化管理。

（14）做好事故预防工作，发生事故时，应及时组织抢救，最大限度地减少事故损失，同时要及时、如实报告事故，配合有关领导做好事故调查处理工作。

（15）积极参与单位组织开展的各种形式的安全生产检查、教育培训、会议、应急演练、安全文化等活动。

（16）按要求执行落实本单位安全管理体系运行和落实工作，积极参与水文安全生产标准化建设工作。

（17）加强汛期水利安全生产的组织管理，结合汛期安全生产特点，做好防汛安全工作、汛期防洪值班安排，开展汛期安全检查。安全生产领导小组定期对签订人安全生产履职情况进行监督检查。

2. 水环境监测实验室安全（检查）管理员安全职责

（1）贯彻执行国家消防、安全保卫的方针政策、法律法规及上级主管部门的有关规定，认真遵守职业安全健康的各项规章制度，落实安全生产工作目标责任。

（2）参与拟订并严格执行危险化学品管理制度等安全生产规章制度、操作规程和生产安全事故应急救援预案，对安全生产各项日常工作进行落实、检查、总结及汇报。

（3）落实本岗位职责范围内的安全生产网格化具体工作，参与编写网格安全生产基础数据台账，对本岗位的安全状况实施动态巡查，开展隐患排查治理，及时报告有关工作情况和相关信息。

（4）实施、管理、监督监测中心承担的各项监测任务的作业安全。

（5）实施监测中心仪器设备的周期检定、校准（包括送检和自检）。

（6）开展“四防”（防火、防盗、防爆、防破坏）安全教育，加强重点部位的安全检查和管理，及时发现隐患并整改，确保监测中心仪器设备安全，保证监测中心工作顺利进行。

（7）监督、检查监测中心大型精密仪器设备的保养、维修、管理和防火、防盗、防事故安全保卫措施的落实。

（8）对“易燃、易爆、剧毒及放射性”物质进行监督管理，发现问题及时处理并报告有关领导。

（9）定期清查监测中心药品，对长期不用或者报废的药品提出处理意见，经技术负责人批准后做相应处理。

（10）及时制止和纠正违章指挥、强令冒险作业、违反操作规程的行为，监督、检查正确使用和佩戴劳动防护用品、仪器设备的保养和维护、危险工作场所警示标识维护和保养。

（11）做好作业全过程的安全检查，检查安全生产状况，及时排查生产安全事故隐患，提出改进安全生产管理的建议，认真做好各项安全记录，填写隐患台账。

（12）遇到有严重危及人身安全的作业而无任何保证措施时，有权拒绝违章指挥和强令冒险作业。

（13）积极参加监测中心组织的安全生产教育培训，掌握操作技能和安全防护知识，如实记录安全生产教育和培训情况。

（14）督促落实安全生产整改措施、重大危险源的安全管理措施，对各级提出的生产安全事故隐患，按规定及时整改。

（15）对电梯等特种设备安全直接负责，监督特种作业人员、特种设备作业人员持证上岗。

（16）按规定配置灭火器材，并及时检查、维护、更换；组织或参与应急救援演练，掌握各类事故发生时的处置方法。

（17）辨识本岗位可能存在的危险源，明确防范、处理措施。

（18）根据本岗位的职责要求，对本岗位涉及的安全管理体系文件进行积极落实，并参与水文安全生产标准化建设工作。

（19）发生事故或未遂事故时，及时、如实向分管安全领导和部门报告，保护现场，积极施救。参加有关事故分析，吸取事故教训，积极提出预防措施和促进安全生产、改善劳动条件合理意见。

（20）按照要求积极参加安全生产会议、安全文化等活动。

三、安全生产责任书的签订

省中心与各下属单位的年度安全生产目标责任书，签字盖章生效；各分管领导责任由单位根据职能分工编制安全生产目标责任书，签字生效；部门责任由各分管领导根据各部门实际情况编制年度安全生产目标责任书，签字生效；从业人员责任由部门根据各岗位实际情况编制年度安全生产工作目标责任书，签字生效。

（一）省级下属水文单位与各单位（科室）安全生产责任书

省级下属水文单位根据实际的单位（科室）设置情况，自行拆分、组合，形成符合本单位（科室）实际的安全生产责任书。

如某水文局主要单位（科室）有综合办公室、水情科、水资源科、信息科、勘测科、财务科、水文站，根据安全生产责任体系中的各单位（科室）的职责，删除与砂管基地签订的责任书。

（二）省级水文下属单位各部门与各岗位人员安全生产责任书

根据实际的岗位设置情况，自行拆分、组合，形成各科室每个岗位的安全生产责任书。

如某市水文局无勘测管理部门，梳理岗位人员责任书时，首先核实勘测管理部门职责是否划分到现有的某个科室，若是将勘测科下的岗位人员安全生产责任书整理到对应的科室下即可，若不是可直接删除勘测管理部门相关岗位人员。

第四章
安全管理体系之规范性文件

安全管理体系规范性文件，包括全员安全生产责任书、安全管理制度、应急预案、安全风险管控手册、隐患排查标准等，作为水文系统安全管理体系运行的主要工作依据。

第一节 安全管理制度

一、编制背景

《安全生产法》规定“生产经营单位必须遵守本法和其他有关安全生产的法律、法规，加强安全生产管理，建立、健全安全生产责任制度，完善安全生产条件，确保安全生产”。

2016年12月，水利部印发了《水利部关于印发〈贯彻落实中共中央国务院关于推进安全生产领域改革发展的意见〉实施办法的通知》（水安监〔2017〕261号），通知要求“到2020年，水利安全生产监管机制基本成熟，规章制度体系基本完善”“健全规章制度体系。推进水利安全生产法制化进程，结合水利行业实际，加快推进水利安全生产相关规章立改废释工作，健全完善水利安全生产管理制度”。

综上所述，建立健全安全生产规章制度是国家有关安全生产法律法规明确的生产经营单位的法定责任。

二、主要内容

基于水文行业的特性，借鉴其他水利管理单位的安全管理成功经验，提取《水利工程管理单位安全生产标准化评审标准》《危险化学品企业安全生产标准化评审标准》《工贸企业安全生产标准化评审标准》的重点、要点，特制定各级水文单位安全生产规章制度，包括综合管理类、人员安全管理类、环境安全管理类、设备设施管理类、作业行为管理类、相关方管理类等。

（一）制度分类

1. 综合安全管理类

（1）安全生产目标管理制度。

（2）安全保卫管理制度。

（3）安全生产考核奖惩制度。

(4) 安全生产预警预报和突发事件应急管理制度。
(5) 安全生产责任管理制度。
(6) 安全投入管理制度。
(7) 应急预案管理制度。
(8) 安全生产网格化管理制度。
(9) 档案管理制度。
(10) 法律法规标准规范管理制度。
(11) 危险化学品管理制度。
(12) 防火防爆安全管理制度。
(13) 防汛度汛安全管理制度。
(14) 工伤保险管理制度。
(15) 文件管理制度。
(16) 记录管理制度。
(17) 抢险救灾管理制度。
(18) 消防安全管理制度。
(19) 用电安全管理制度。
(20) 交通安全管理制度。
(21) 安全检查及事故隐患排查治理制度。
(22) 安全风险管控管理制度。
(23) 重大危险源管理制度。
(24) 生产安全事故报告、调查和处理制度。

2. 人员安全管理类

(1) 安全教育培训管理制度。
(2) 劳动保护用品管理制度。
(3) 特种设备作业人员管理制度。
(4) 水文观测工作制度。
(5) 水文测验安全生产管理制度。
(6) 工程巡查安全管理制度。

3. 环境安全管理类

(1) 职业健康安全管理制度。
(2) 危险化学品废弃物处理制度。
(3) 水环境监测实验室安全管理制度。

4. 设备设施管理类

(1) 水文基础设施安全管理制度。
(2) 水文技术装备安全管理制度。
(3) 计算机及网络信息安全管理制度。

5. 作业行为管理类

(1) 高处作业安全管理制度。

（2）动土作业安全管理制度。

（3）水上水下作业安全管理制度。

（4）临近带电体作业安全管理制度。

（5）野外作业安全管理制度。

（6）起重吊装作业安全管理制度。

6. 相关方管理类

相关方及外用工（单位）安全管理制度。

（二）关键制度介绍

1. 水环境监测实验室安全管理制度

水环境监测实验室安全管理制度是为加强水环境监测中心实验室安全生产管理，防止发生职业性疾病、人身伤害、火灾事故，保护水质监测人员的健康制定的制度。制度明确了水环境监测中心负责人、实验室负责人、实验室安全员、实验室工作人员的职责，规定了水环境监测实验室的基本要求、仪器设备安全、用电安全、防火防爆安全、资料安全、应急救援等内容。

（1）仪器设备安全。

1）实验室所有的仪器设备实行统一管理，使用仪器设备必须认真填写记录，发现问题及时反映。

2）各仪器设备负责人应按操作规程规范使用，并认真做好设备的维护。

3）仪器设备的购置由使用人提出申请，由实验室负责人审核后交水环境监测中心负责人批准。

4）各类仪器设备到货后由监测室主任、设备管理员、档案管理员与供应商一起开箱验收，不能自检的应请有关单位来人复检，复检合格方能接收。

5）仪器设备的技术性能降低或功能丧失、损坏时，应办理降级使用或报废手续。

（2）用电安全。

1）一切用电仪器设备必须绝缘良好、安全可靠，电气设施如开关、插座插头及接线板等应使用合格产品。

2）实验室安全员应经常对电气设备、线路进行检查。发现老化、破损、绝缘不良等不安全情况，应及时维修。

3）同一个插座不宜同时使用多台仪器设备，电气设备使用时做好绝缘防护。

（3）防火防爆安全。

1）易燃易爆物的实验操作应在通风橱内进行，并做好防护。

2）贮存爆炸性物质不应使用磨口塞的玻璃瓶，必须配用软木塞或橡皮塞。

3）实验室安全员应定期检查实验室感烟探头、灭火器、灭火毯、防火沙等消防设施，确保消防设施和器材完好。

4）实验室负责人应组织实验室人员开展消防知识普及教育。

（4）应急救援。

1）割伤：应立即用双氧水、生理盐水或75%酒精冲洗伤口，没有异物后方可用止血粉、消炎粉等药物处理伤口。

2）休克：应使伤者平卧，解开衣扣，注意保温；如果呼吸微弱或停止，应进行人工呼吸，同时迅速送医院治疗。

3）烧伤和灼伤：一度症状（皮肤红痛、浮肿），应立即用大量清水洗净烧伤处，然后涂抹烧伤药物；二度症状（起水泡）、三度症状（坏疽），应立即用无菌绷带缠好并马上就医。

4）急性化学中毒：吸入化学品后，应立即将中毒人员转移到空气新鲜处；误食化学品后，应立即漱口、催吐，使用鸡蛋、牛奶等解毒剂，并尽快就医。

5）化学试剂粘上皮肤：有毒物质、稀酸、碱等物质粘上皮肤，可以立刻用清水清洗；浓硫酸等遇水有严重反应的化学品粘上皮肤，应立即用干抹布抹去化学品，再用大量清水冲洗。

6）化学试剂泄漏：将事故容器内的溶液，转移到安全的容器内；泄漏至地面时，应用沙土进行堵截，用熟石灰对地面上的酸液进行中和，用盐酸对地面存在的碱液进行中和。

2. 危险化学品管理制度

危险化学品管理制度是为进一步加强危险化学品管理，规范危险化学品采购、运输装卸、储存、使用、报废等程序制定的制度，适用于水质监测中心实验室危险化学品的采购、运输、装卸、储存、使用、报废处理过程中的安全管理。制度明确了危险化学品运输、装卸、危险化学品存放、危险化学品使用、危险化学品报废处理等工作要求。

（1）危险化学品运输、装卸。

1）运输人员必须熟悉危险化学品的性质和安全防护知识。

2）运输人员在装卸、运输时应按要求佩戴相应的防护用品，搬运时必须轻拿轻放，并保证培训。

3）运输易燃、易爆危险化学品的车辆等工具应彻底清扫干净，性质相抵触的物品，不得同时装运。

（2）危险化学品存放。

1）危险化学品必须实际入库，不得露天堆放，储存地点应与生产、生活区有适当的距离。

2）危险化学品不得与其他物质混合存放，库房要求干燥、无积水、不漏水，且严禁明火。

3）危险化学品的管理必须做到“四无一保”（无被盗、无丢失、无违章、无事故、保安全），剧毒品应严格遵守双人保管、双人领取、双人使用、双把锁的要求。

4）危险化学品和易制毒化学品必须有出入库发放管理登记。

5）危险化学品应有相应的标识和图形标志，配备相应的消防器材和防护器具。

（3）危险化学品使用。

1）危险化学品操作人员，必须配有专用防护用品，并在上风向操作。

2）有毒危险化学品使用场所应配备一定数量的解毒药品。

3）桶装或罐装有毒或挥发性毒品时，必须装盖拧紧、密封。

4）领取危险化学品时，应采取安全措施确保安全。

5）盛装危险化学品的容器在使用前后必须清洗干净，两者相遇会引起燃烧的原料，严禁前后混用。

（4）危险化学品报废处理。

1）报废和销毁有燃烧、爆炸、中毒风险的危险化学品时，应制定安全方案，并征得安全管理部门和主管领导的同意。

2）危险化学品在报废、销毁处理前应进行分析、检验，选择分解、中和、深埋、燃烧等相应处理方法。

3）未经处理的剧毒或对环境有污染的危险化学品不准直接排放。

4）化学性质相抵触的危险化学品不准混合销毁。

3. 危险化学品废弃物处理制度

危险化学品废弃物处理制度是为进一步加强水环境监测中心实验室危险化学品废弃物的管理，防止实验室产生的危险化学品废弃物污染环境，确保实验室人员和环境健康与安全制定的。制度明确了职责、危险化学废弃物的分类收集和存放、危险化学品废弃物处理、奖惩等内容。

（1）危险化学废弃物的分类收集和存放。

1）废液应使用密闭式容器收集贮存，无机类废液贮存一般用高密度聚乙烯桶；有机废液贮存采用不锈钢桶、搪瓷桶和玻璃容器；贮存容器上应注明废弃物种类，并填写《废液处理记录表》。

2）固体废弃物待统一处理化学废弃物时进行收运。

3）废气一般产生后立即通过装置处理，不再进行收集和储存。

4）放射性废弃物应单独收集存放，不应混于一般实验室废弃物中。

（2）危险化学品废弃物处理。

1）废液：适当处理，pH 值在 6.5～8.5 之间且不存在危害时，排入下水道。

2）固体废弃物：统一存放处理，碎玻璃和锐利固体废弃物应存放至特殊废品箱内集中处理。

3）废气：实验室废气可通过装有废气处理的排风设备处理后排出室外，废气泄露时，应加大排风设备的排风量，并应立即打开实验室门窗。

4）综合办公室根据实验室提供的拟处理的各类危险化学废弃物的信息，适时与持有危险废弃物经营许可证的单位联系，并及时通知实验室做好相应的准备。

4. 野外作业安全管理制度

野外作业安全管理制度是为进一步规范各项水文勘测野外作业安全管理要求，控制野外作业风险，保护作业人员生命安全和健康制定的，适用于水文普通测量、水位观测、流量测验、泥沙测验、降水量、水面蒸发观测、水质取样等野外作业。制度明确了职责、野外作业前安全管理要求、野外作业中安全管理要求、应急救援等内容。

（1）职责。

1）勘测管理部门对本单位野外作业工作全面负责，包括制定管理制度、应急预案、组织安全培训、监督检查等。

2）各水文勘测队伍负责具体的各项野外作业的实施。

（2）野外作业前安全管理要求。

1）作业人员应熟悉作业环境，收集作业地点的天气情报，分析危险因素，制定预防措施。

2）作业领队对作业人员进行安全教育。

3）作业领队对安全防护措施进行检查确认，配发劳动保护用品，确保安全防护到位。

（3）野外作业中安全管理要求。

1）作业人员严格穿戴好劳动保护用品，严格按制度和操作规程进行作业。

2）做好野外作业的安全保密工作，专人保管勘测资料，确保安全。

3）夏季做好防暑措施，冬季做好防滑防冻措施。

4）作业时应采取措施，避免有毒化学物质、有害植物、危险动物、昆虫及踩绊等伤害。

5）作业过程中，应检查设备仪器，确保无故障且安全防护到位。

6）野外需搭帐篷时要选择干燥避风处，帐篷四周要挖排水沟，搭接牢固。

（4）应急救援。

1）当发生意外时迅速启动应急救援程序，采取自救措施，组织自救，在第一时间拨打110、119、120及时进行救助，保护事故现场，控制事故扩大。

2）野外作业出现的事故、事件，除在现场应急处置外，应尽快报告勘测管理部门，做好后续救援工作。

5．水文观测工作制度

水文观测工作制度是为规范水文观测工作，确保观测人员作业安全和观测结果准确有效制定的制度，适用于水位、水温、流量、泥沙、降水量、蒸发量等水文数据观测工作。制度明确了职责、基本要求、观测要求、资料整编、检查维护方面的内容。

（1）职责。

1）勘测管理部门是水文观测工作归口管理部门，负责水文测站设立调整、水文观测制度方案的编制、水文观测资料的收集整理汇编。

2）各水文站队负责按照测验规范要求进行各水文要素的测验及观测仪器的使用维护保养。

（2）基本要求。

1）观测人员必须严格按照规定的观测项目、测次、时间进行观测，熟悉测站的基本设施、水文特征等。

2）各项观测资料应做到“一制两校一审”，一人不得连做两道工序。原始资料校审日清月结，5天以内完成双校工作，当月资料在次月5日以前完成校审。

3）按测验规范要求完成定时观测项目和不定时观测项目。

（3）观测要求。

1）水位、水温观测：观测人员提前5～10分钟到达现场，处理影响观测的因素；携带记载簿在现场测记。

2）流量观测：观测人员必须密切注视天气和水位变化，做好测次布置；严格按照测验规程进行观测；测量计算完毕后应及时对数据进行统计分析。

3）泥沙观测：泥沙颗粒分析要做到“两不”（分析水样不损失、分析杯号不错乱）、

“三准”（清点水样准、最大粒径观读准、按时换杯称重准）、“三及时”（分析及时、烘称及时、计算点绘及时）。

4）水质分析：严格按操作规程操作，按时配制和标定溶液，发现水质异常状况应及时上报。

（4）资料整编。

1）资料整编应做到考证正确、清楚、项目齐全、数字可靠，应于第2年3月底完成，并装订成册，归档保存。

2）原始记载，各项报表等资料，必须妥善保存，并做好资料的保密工作。

（5）检查维护。

1）保持良好水文监测环境。雨量观测场、雨量筒、蒸发器内要做到平整清洁，每天检查维护。

2）加强所属巡测站和雨量站测报设施的管理，巡测站每月至少检查1次，雨量站每年至少在汛前汛后各检查1次，发现问题及时处理。

6. 水文测验安全生产管理制度

水文测验安全生产管理制度是为规范水文测验安全生产管理，防止和减少生产安全事故。制度明确了职责、基本要求、水文测验环境管理、水文测验生产管理、水文测验设施设备管理方面的内容，适用于水文测验中各水文要素的采集、处理、传输、存储等生产过程的安全管理。

（1）基本要求。

1）定期对水文测验岗位人员进行安全生产教育培训。

2）对水文测站新进人员、水文测验生产的新设施设备，应组织安全培训。

3）为测验人员配备必要的安全防护、劳动防护用品，并定期进行检查。

（2）水文测验环境管理。

1）水文测站应设置安全警示标志、标识，设立保护隔离设施。

2）缆道跨越道路，应设置安全警示标志、标识。

3）委托看管测站、出租站房的应签订委托看管协议中，明确双方的安全职责。

（3）水文测验生产管理。

1）涉水测验时，应佩戴安全防护、劳动防护用品，按照测站测洪方案测验。

2）巡测、巡检、应急监测，应做好交通工具的安全检查。

3）桥上测验时，应在测验工作区域设置具有反光功能的警示标志、标识。

（4）水文测验设施设备管理。

1）做好仪器设备的存放、保养、管理，保障仪器设备能正常运行。

2）定期对水文测站进行巡检、巡查，排查安全隐患、保护水文测验设施设备。

7. 安全风险管控管理制度

安全风险管控管理制度是为全面加强风险预控、深化关口前移，规范安全生产风险分级管控工作，有效遏制和坚决防范事故制定的制度，适用于各水文站队、机关各科室现场环境、水文勘测作业、水文仪器设备养护、水环境监测实验室等范围的风险管控工作。制度明确了职责、风险辨识、风险评估、风险分级、风险控制、风险公示、持续改进、监督管理方面的内容。

（1）职责。

1）本单位风险管控工作的第一责任人，对本单位风险管控工作全面负责。

2）分管安全领导对分管范围内的安全风险管控工作负责。

3）办公室全面组织各水文站队、机关各科室开展风险管控工作。

4）各水文站队、机关各科室是本科室（站队）风险管控工作的责任主体，参与风险管控工作。

5）各岗位人员按照管控层级，对本岗位负责的风险进行管控。

（2）风险辨识。

1）安全风险识别单元划分为现场环境、水文勘测作业、水文仪器设备维修养护、水环境监测实验、砂管基地、用电系统、相关方。

2）安全风险识别项目主要包括现场环境、水文勘测作业、水文仪器设备维修养护、水环境监测实验、砂管基地、用电系统、相关方。

3）安全风险辨识从人的不安全行为、物的不安全状态、有害作业环境、安全管理缺陷等方面进行危险有害因素辨识。

4）安全风险类别划分为14类，主要包括：物体打击、车辆伤害、机械伤害、起重伤害、触电、淹溺、灼烫、火灾、高处坠落、坍塌、中毒和窒息、其他爆炸、其他伤害等。

5）各水文站队、机关各科室对本科室（站队）的危险源进行辨识；形成本科室（站队）《危险源辨识清单》，经本科室（站队）负责人确认，提交综合办公室。

（3）风险评估。

1）风险评估采用作业条件危险性评价法（LEC）和风险矩阵法（LS法）进行评价。前者主要适用于对作业活动类，后者主要适用于对场所环境类。

2）可以直接确定为重大风险的情形：违反法律、法规及国家标准中强制性条款的；发生过死亡、重伤、职业病、重大财产损失事故，或3次及以上轻伤、一般财产损失事故，且现在发生事故的条件依然存在的；构成危险化学品重大危险源的场所和设施；具有中毒、爆炸、火灾等危险的场所，作业人员在10人以上的。

（4）风险分级。

风险等级从高到低划分为“重大风险、较大风险、一般风险和低风险”4个等级。

（5）风险控制。

1）制定风险控制措施时，应考虑控制措施的可行性、控制措施的先进性、控制措施的经济合理性、单位的经营运行情况等。

2）风险控制措施可分为工程技术控制、管理措施、教育培训措施、个体防护措施和应急处置措施，依次进行选择。

3）风险等级越高，管控级别越高：重大风险、较大风险由各级水文单位直接管控，一般风险由下一级单位管控，低风险由各科室（如水文站队、水环境监测中心、砂管基地）及岗位人员负责管控。上一级负责管控的风险，下一级必须同时负责管控，并逐级落实具体措施。

4）每年应至少对安全风险管控措施进行更新一次。

（6）风险公示。

1）建立完善安全风险公告制度，并加强风险教育和技能培训。

2）在醒目位置和重点区域分别设置安全风险公告栏，制作岗位安全风险告知卡，标明场所/部位名称、风险等级、风险描述、事故类型、控制措施、应急措施、应急电话及责任人等信息。

（7）持续改进。发生下列情况时，应及时组织对风险进行重新辨识与评价：管理评审有要求时；当法律、法规及其他要求发生变化时；经营活动发生重大调整和变化时；采用新设备、新技术、新工艺、新材料前；相关方的抱怨明显增多时；发现危险源辨识有遗漏时；发生重大职业健康安全事故等。

8. 安全检查及事故隐患排查治理制度

安全检查及事故隐患排查治理制度是为了建立安全生产事故隐患排查治理长效机制，加强事故隐患监督管理，保障全体干部职工生命财产安全制定的。

（1）管理职责。

1）事故隐患排查领导小组：在每次隐患排查工作开展前，组织小组人员对涉及的隐患排查标准进行培训，小组办公室主要负责事故隐患排查的日常管理工作。

2）安全生产事故隐患排查领导小组办公室：负责对查出的事故隐患进行登记，建立事故隐患信息档案，及时录入“水利安全生产信息采集系统”，对各类隐患排查治理工作进行监督、检查、考核、统计总结。

3）各水文站队、机关各科室：对所辖范围的事故隐患的排查和整改负主要责任。

（2）事故隐患排查。

1）隐患排查标准。水文行业的隐患排查标准分为基础管理类、机关办公生活场所类、水文站所类、水环境监测中心类、砂管基地类5大类：①基础管理类，包括安全目标管理、安全生产职责落实、安全文化建设、制度化管理、安全教育培训、职业健康管理、安全风险管理、隐患排查治理、应急管理；②机关办公生活场所类，包括机关办公区和生活区，生活区包括宿舍、食堂等；③水文站所类，分为场所环境和作业活动，场所环境包括水文站所生活办公区、柴油发电机室、配电室，作业活动包括水文勘测作业、水文仪器设备设施维护保养（缆道养护作业、雨量站率定作业、水尺清污作业、水位井沉砂池清淤作业）、电工作业；④水环境监测中心类，分为监测中心场所环境和作业活动，场所环境包括药品间、气瓶间、实验室，作业活动包括水质取样作业、水质化验；⑤砂管基地类，分为场所环境和作业活动，场所环境包括趸船，作业活动包括包括采砂执法作业。

2）隐患排查方式。

a. 单位内部隐患排查。事故隐患排查的方式包括综合性检查、专项检查、季节性检查、节假日检查、日常检查等；开展各类型的隐患排查工作时，应根据隐患排查标准体系中的使用要求进行组合使用。

（a）综合性安全检查：每半年一次，特殊情况下可增加频率；综合性安全检查应综合5大类的隐患排查标准并根据实际进行删减。

（b）专项安全检查：一年组织2～3次。危险化学品专项安全检查可选取水环境监测中心类中场所环境中药品间、气瓶间、实验室的隐患排查标准；电气火灾综合治理安全专项安全检查可选取机关办公生活场所类，水文站所类中的生活办公区、柴油发电机室、配电室，水环境监测中心场所环境类涉及消防的检查，砂管基地的趸船等类型的隐患排查标准；消防安全专项检查可选取机关办公生活场所类，水文站所类中的生活办公区、柴油发电机室、配电室，砂管基地的趸船等类型的隐患排查标准；作业活动专项安全检查可选取水文站所类中的水文勘测作业、缆道养护作业、雨量站率定作业、水尺清污作业、水位井沉砂池清淤作业、电工作业，水环境监测中心类中的水质取样作业、水质化验，砂管基地类中的水上执法作业等类型的隐患排查标准。

（c）季节性安全检查：包括冬季安全检查、夏季安全检查、汛期安全检查，冬季夏季安全检查可根据季节特点，选取各类隐患排查标准中涉及消防、用电、危化品的方面；汛期安全检查可在“水文站所”隐患排查标准中抽取水文勘测设备、水文作业方面，在“砂管基地”隐患排查标准中抽取趸船方面。

（d）节假日前的安全检查：可在适用隐患排查标准中抽取消防、用电、水环境监测中心场所环境类等内容。

（e）日常安全检查：各单位（科室）可采用对应的隐患排查标准组织隐患排查。

b. 迎接上级单位的检查。对于上级单位要求组织的或进行的安全检查，应严格按照上级单位的检查要求、检查表格样式进行；若无检查表格样式，可结合隐患排查标准进行。

3）事故隐患排查的范围应涉及所有与工程管理和建设相关的场所、环境、人员、设备设施和活动。

（3）事故隐患治理。隐患排查组织应及时向被检查站队/科室下发整改通知单；被检查站队/科室落实整改措施，并填写隐患整改回执单。隐患排查组织应及时组织人员对相关站队/科室隐患整改情况进行验证，形成隐患的闭环管理。

1）一般事故隐患治理。一般事故隐患应立即组织整改。

2）重大事故隐患治理。重大事故隐患治理前应采取一定的控制措施制定应急预案，编制重大事故隐患治理方案，并提交领导批准后实施。重大事故隐患治理方案应包括隐患整改的目标和任务、方法和措施、经费和物资、治理的机构和人员、治理的时限和要求、安全措施和应急预案等。

治理完成后，应当委托具备相应资质的安全评价机构对重大事故隐患的治理情况进行评估。

重大事故隐患的判定应根据水利部《水利工程生产安全重大事故隐患判定标准（试行）》（水安监〔2017〕344号），并结合水文行业实际进行。满足下列任意3项基础条件和任意3项物的不安全状态，即可判定为重大事故隐患。

a. 基础条件：①管理机构和管理制度不健全，管理人员职责不明晰；②水文安全监测设施、防汛交通与通信等管理设施不完善；③应急预案未制定并报批；④水文仪器设备设施养护修理不及时，处于不安全、不完整的工作状态；⑤安全教育和培训不到位或相关岗位人员未持证上岗。

b. 物的不安全状态：①水文站房出现严重碳化、老化、表面大面积出现裂缝等现象；②水文缆道测验设备钢丝绳锈蚀严重、噪音异常，电流、电压变化异常；③水文站（所）未按规定设置勘测观测设施或勘测观测设施不满足观测要求；④通信设施故障、缺失导致信息无法沟通；⑤管理范围内的安全防护设施不完善或不满足规范要求；⑥消防设施布置不符合规范要求。

（4）事故隐患统计报告。自查中发现的问题，要及时提出处理意见，解决不了的及时上报给综合办公室，综合办公室上报到单位，经由单位上报到上一级单位。隐患报告应包括事故隐患地点、事故隐患内容、拟采取的治理措施等。

隐患整治费用由单位向上一级单位申请整改治理费用，由上一级单位进行审核批准。

每月汇总隐患排查情况，填写《事故隐患汇总登记台账》并上报综合办公室，综合办公室按要求通过“水利安全生产信息采集系统”上报至上一级单位安全管理部门。

（5）事故隐患预测预警。综合办公室通过与气象部门联系、上网等途径及时获取水文、气象等信息，及时发出预警信息。

（6）事故隐患归档管理。

1）一般事故隐患归档资料：隐患排查记录，隐患整改通知单，隐患整改回执单，隐患整改治理记录、报告、材料，事故隐患汇总登记台账，事故隐患统计分析资料。

2）重大事故隐患归档资料：隐患排查记录，重大事故隐患治理前采取临时控制措施的相关材料，重大事故隐患治理方案及审批记录，重大事故隐患应急预案及审批记录，重大事故隐患整改治理情况的评估报告，其他与重大事故隐患整改治理相关的材料。

9. 相关方及外用工（单位）安全管理制度

（1）管理职责。综合办公室对各水文站队、机关各科室开展此工作的情况进行监督检查。

（2）资格审查与选择。选择的相关方应具备安全生产条件和相应资质，与符合条件的相关方签订合同和安全生产管理协议，明确双方的安全职责。

（3）进场准备。综合办公室在相关方进场前，对相关方的资质能力、“三类人员”、特种作业人员的能力进行验证；进场后应进行安全技术交底，安全教育培训和告知，防止事故发生。

（4）作业过程控制。根据相关方的作业活动定期识别作业风险、确认采取的安全措施，督促相关方采取预控措施；对相关方的作业活动过程进行监督检查。

（5）表现评估与续用。每年对相关方进行评估，相关方服务过程中对环境造成重大影响或造成重大职业健康、安全事件的，加强监督检查和管理，必要时取消其入场资格。

（6）相关方档案资料归档。一个相关方一套档案资料，资料包括：与相关方签订的合同，与相关方签订的安全生产协议，相关方资质能力验证记录，相关方人员能力验证记录，相关方安全交底、安全教育培训记录，相关方作业活动过程安全监督记录，项目验收报告等相关验收材料等。

第二节　应急预案体系

一、编制背景

水利部印发了《水利部关于印发〈贯彻落实中共中央国务院关于推进安全生产领域

改革发展的意见〉实施办法的通知》（水安监〔2017〕261号），通知要求“健全应急管理机制。各级水行政主管部门和水利生产经营单位要完善应急预案体系，健全应急管理各项规章制度，加强应急救援能力建设，强化应急救援培训和演练，提高应急处置能力”。

2019年2月17日，《生产安全事故应急条例》（中华人民共和国国务院令第708号）规定：“生产经营单位应当针对本单位可能发生的生产安全事故的特点和危害，进行风险辨识和评估，制定相应的生产安全事故应急救援预案，并向本单位从业人员公布”“制定预案所依据的法律、法规、规章、标准发生重大变化，单位应当及时修订相关预案”。

2019年9月1日，《生产安全事故应急预案管理办法》（应急管理部令第2号）规定：“生产经营单位主要负责人负责组织编制和实施本单位的应急预案，并对应急预案的真实性和实用性负责”。

综上所述，编制实施本单位的应急预案是国家有关安全生产法律法规明确的生产经营单位的法定责任。

二、主要内容

各级水文单位根据《生产安全事故应急预案管理办法》（应急管理部令第2号）、《生产经营单位生产安全事故应急预案编制导则》（GB/T 29639—2020）、《水利安全生产信息报告和处置规则》（水安监〔2016〕220号）等要求，建立了层次分明、类型齐全的应急预案体系，结合水文勘测行业特点编制适合本单位的应急预案汇编，汇编包括综合预案，以及涵盖危险化学品泄漏、野外勘测作业、水上作业事故、突发事件水文监测等方面的专项应急预案和现场处置方案25个，促使水文系统的应急管理转向“从无到有”“从有到全”“从全到优”的新阶段。

（一）应急预案清单

各级水文单位应急预案具体如下：

《生产安全事故综合应急预案》

《人身伤亡事故专项应急预案》

《火灾、爆炸事故专项应急预案》

《交通事故专项应急预案》

《突发公共卫生事件专项应急预案》

《突发水污染事件专项应急预案》

《突发事件水文监测专项应急预案》

《群体性事件专项应急预案》

《危险化学品事故专项应急预案》

《触电事故专项应急预案》

《水上作业事故专项应急预案》

《防范恐怖袭击事件专项应急预案》

《仪器设备突发事件专项应急预案》

《网络与信息安全突发事件专项应急预案》

《恶劣天气专项应急预案》

《危险化学品泄漏现场处置方案》

《高处坠落事故现场处置方案》

《物体打击事故现场处置方案》

《触电事故现场处置方案》

《溺水事故现场处置方案》

《水环境监测室火灾事故现场处置方案》

《设备仪器火灾事故现场处置方案》

《办公及生活区域火灾事故现场处置方案》

《食物中毒事故现场处置方案》

《道路交通事件现场处置方案》

《玻璃仪器割伤现场处置方案》

（二）关键应急预案介绍

1.《生产安全事故综合应急预案》

（1）总则。

（2）事故风险描述。在各项工作开展中，如果因人的不安全行为、机械设备的不安全状态及管理上的缺项，可能会发生生产安全事故，造成人员伤害和财产损失。按照《企业职工伤亡事故分类》（GB 6441—86）划分的20类事故类型，结合工作实际，生产安全事故类型主要有以下几种：

1）工程建设中的土石方坍塌、基坑坍塌、模板与脚手架坍塌、大型机械坍塌、易燃易爆物品爆炸、深井中毒和窒息、人员坠落、物体打击、施工场内交通和触电事故等。

2）水文勘测作业、水文仪器设备维修养护中的野外作业、水上作业、高处作业、有限空间作业涉及的以及前往作业途中可能发生车辆伤害事故。

3）后勤管理中涉及的火灾、房屋坍塌、高处坠落、物体打击等。

4）趸船及采砂执法作业中的火灾、淹溺等。

5）水环境监测室的火灾、爆炸事故，危险化学品泄漏、中毒窒息等。

（3）应急组织机构。应急组织机构如图4-1所示。

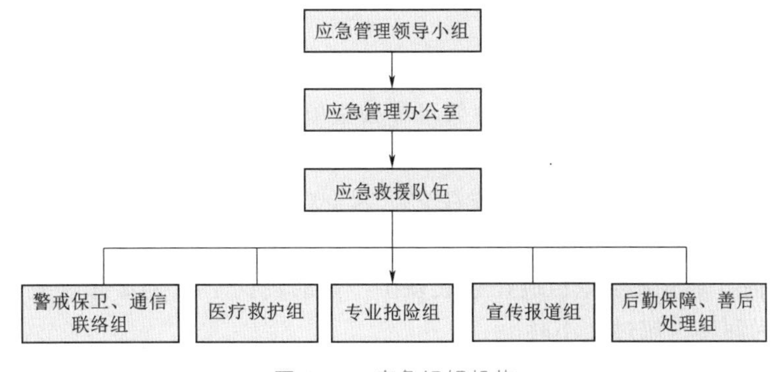

图4-1　应急组织机构

（4）预警及信息报告。

1）预警。

a. 各科室收到当地人民政府有关部门的预警通知或现场人员报告的预警信息后，及时向应急管理办公室反馈，应急管理办公室分析险情信息，判定预警级别，并提出预警发布建议，经应急管理领导小组组长批准后，由应急管理办公室主任负责发布，同时，要组织开展应急准备工作，加强重要设施设备的检查和工程巡查，采取有效措施控制事态发展。预警信息发布流程如图 4－2 所示。

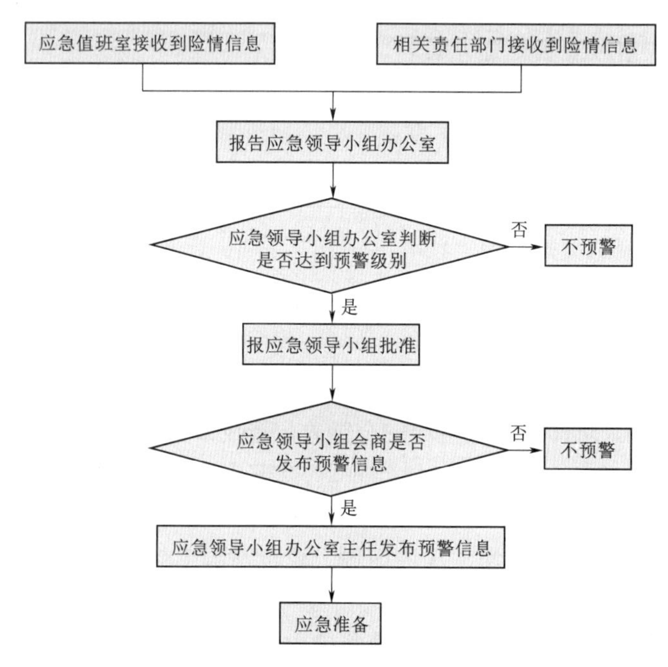

图 4－2　预警信息发布流程

b. 预警信息应通过电话、应急救援管理系统等及时予以发布，并根据情况变化适时调整预警级别。

c. 预警信息的内容包括生产安全事故名称、预警级别、预警区域或场所、预警期起始时间、影响估计及应对措施、发布时间等。

2）信息报告。

a. 报告程序。发生生产安全事故或出现涉险事故后，事故现场有关人员应立即通过值班电话报告给应急管理办公室，应急管理办公室值班人员接到事故报告后，应及时报告单位负责人。接到事故报告后，应在规定时间内报告省级水文单位。

事故报告后出现新情况，或事故发生之日起 30 日内（道路交通、火灾事故 7 日内）人员伤亡情况发生变化的，应按上述程序及时补报。

b. 报告时限。事故发生单位应在事故发生 1 小时内向上级主管部门报告，各级主管部门每级上报时间不得超过 2 小时。

各水文站队（或水环境监测中心、砂管基地）发生较大以上生产安全事故或有人员死亡的一般生产安全事故，应在事故发生立即电话快报应急管理办公室，补充书面报告不得超过 2 小时。

c. 事故报告内容。事故发生后，现场人员应立即拨打 24 小时应急值班电话报告事件情况，可先电话快报，随后补报书面报告。

电话快报内容包括：事故发生单位名称、地址、负责人姓名和联系电话，事故发生时间、地点，事故已经造成或者可能造成的伤亡人数（包括下落不明）。

书面报告内容包括：事故发生单位概况，事故发生单位负责人和联系人姓名、联系电话，事故发生时间、地点以及事故现场情况，事故发生简要经过，事故已经造成或者可能造成的伤亡人数（包括下落不明），初步估计的直接经济损失，已经采取的应对措施，其他应报告的情况。

（5）应急响应。

1）应急管理办公室接到生产安全事故信息报告后，立即对生产安全事故信息进行核实，判定生产安全事故应急响应级别，并向应急管理领导小组报告，提出启动应急响应级别的建议。

2）接到启动应急响应级别后，应急管理领导小组组长或委托副组长应立即主持召开应急管理领导小组会议，通报事故基本情况，审定应急响应级别，立即启动应对生产安全事故应急响应，响应程序如图 4－3 所示。

3）启动Ⅰ级应急响应时，由省级水文管理单位启动，应急管理领导小组相关人员成立现场临时应急指挥部，指挥长率队做好事故先期应急处置工作，并随时将现场处置情况向省级水文管理单位汇报。

4）启动Ⅱ级应急响应时，由应急管理领导小组相关人员成立现场临时应急指挥部，指挥长率队现场指导事故应急处置工作。

5）启动Ⅲ级应急响应时，由应急管理领导小组相关人员成立现场应急指挥部，指挥长率队现场指导事故应急处置和对事故的调查工作。

6）当生产安全事故超出应急处置能力的，由应急管理领导小组迅速报告省级水文管理单位及当地人民政府有关部门，请求支援，并配合做好应急处置工作。在上级救援力量没有到达前，应急总指挥应先按本预案进行处理。

7）当事故所造成的危害基本消除，环境符合国家标准，次生、衍生事故隐患消除时，Ⅰ级响应现场应急工作结束后，由省级水文管理单位相关负责人终止应急响应，Ⅱ级响应应急工作结束后，现场应急指挥部总指挥向应急管理领导小组报告，由应急管理领导小组组长或其授权人终止应急响应，Ⅲ级响应现场应急工作结束后，由生产安全事故归口管理部门负责人终止应急响应。

（6）信息公开。生产安全事故发生后，根据指挥长批示或指示，综合办公室会同应急管理办公室完成新闻通稿，报指挥长或指挥长指定的部门领导审定后，向社会发布权威信息。

（7）后期处置。

（8）保障措施。

（9）应急预案管理。

（10）附则。

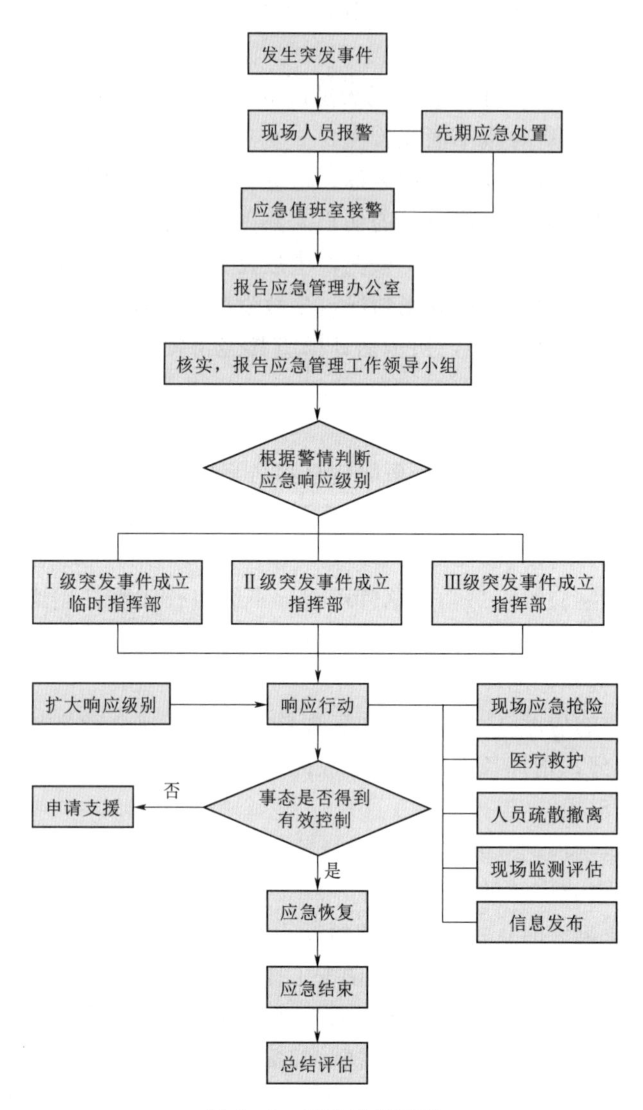

图 4－3 应急响应流程

2.《水上作业事故专项应急预案》

（1）事故风险分析。水上作业主要包括水文勘测活动、水上水文设施维护保养、砂管基地采砂执法作业；水位随着季节变化较大，丰水期水深面宽，在水面作业主要事故风险包括水上作业引起的溺水。

（2）应急组织机构及职责。

（3）处置程序。应急响应级别确定后，应急管理领导小组启动相应预案，组建水上作业事故应急救援指挥部，应急管理办公室启动相应应急程序，通知各应急救援小组开展应急处置。

1）发生水上作业事故，启动Ⅰ级响应，省级水文管理单位组织响应，在省级应急指挥机构到达前，成立现场应急救援临时指挥部，上级救援指挥到达现场时，接受上级应急指挥机构调配和指挥，配合开展应急处置。

2）发生水上作业事故，启动Ⅱ级响应，由应急管理领导小组相关人员组成事故现场临时应急救援指挥部，指导事故应急处置，根据应急处置情况可提升或降低响应级别。上级主管部门组织应急处置时，配合开展应急处置。

3）发生水上作业事故，启动Ⅲ级响应，组成事故现场应急救援指挥部，由应急领导小组组长率队指导事故应急处置。指挥部视应急处置情况可提升响应级别。

（4）处置措施。

（5）附件。

3.《危险化学品事故专项应急预案》

（1）事故风险分析。水环境监测室日常使用危险化学品主要有以下几种：

1）剧毒化学品：三氧化二砷、氰化钾、氯化汞等。

2）易制毒化学品：1-苯基-2-丙酮、黄樟素、丙酮、高锰酸钾、硫酸、盐酸等。

3）易燃易爆气体：乙炔。

4）窒息性气体：氩气、氮气。

5）强酸、强碱腐蚀性物质：盐酸、硝酸、硫酸和氢氧化钠等。

在水环境监测过程中，所用到的危险化学品具有腐蚀性强、挥发性强、易燃、易爆、有毒等特点，这些药品在使用过程及贮藏过程中，如果因操作不当或存放不合理，将会造成危险化学品外泄。有可能发生火灾、爆炸和人员中毒、伤亡等严重后果。

（2）应急指挥组织机构及职责。

（3）处置程序。

1）预警：①水环境监测中心应加强水环境监测室的防火重点部位、重大消防隐患区域、消防通道、通风设施、可燃气体报警器等的日常巡视检查工作，发现隐患，及时报告；②运用科学的技术来帮助危险化学品的储存管理，通过药品间的视频监控，便于观察药品间内的情况，发现异常，及时处理并上报；③值班负责人收到可能发生危险化学品事故的相关信息后，及时向应急管理领导小组办公室反馈，应急管理办公室分析险情信息，提出预警发布建议，经应急管理领导小组组长批准后，由应急管理办公室主任发布预警信息。

2）信息报告。响应程序按过程可分为接警、响应级别确定、应急启动、应急处置、应急恢复和应急结束等几个过程：①接警，应急管理办公室接到危险化学品事故报警时，应做好详细记录，并报告应急领导小组；②响应级别确定，应急领导小组接到危险化学品事故报告后，应立即根据报告信息，对警情做出判断，确定响应级别；③应急启动，应急响应级别确定后，应急管理领导小组启动相应预案，组建危险化学品事故应急救援指挥部，应急管理办公室启动相应应急程序，通知各应急救援小组开展应急处置。

（4）处置措施。当现场有人受到化学品伤害时，应立即进行以下初步处理，并迅速护送至医院救治。

1）迅速将患者脱离现场至空气新鲜处。

2）呼吸停止时立即进行人工呼吸；心脏骤停，立即进行心脏按压。

3）皮肤污染时，脱去污染的衣服，立即用大量流动清水彻底、反复冲洗。

4）头面部灼伤时，要注意眼、耳、鼻、口腔的清洗。

5）当人员发生烧伤时，应迅速将患者衣服脱去，用大量流动清水冲洗降温，用清洁布覆盖创伤面，避免创面污染；不要任意把水疱弄破。患者口渴时，可适量饮水或含盐饮料。

（5）附件。

4.《突发水污染事件专项应急预案》

（1）事故风险分析。突发水污染事件风险主要如下：

1）水环境监测过程中有毒有害物质泄漏造成水环境污染。

2）上游来水受到污染或突发大量漂浮物进入河流、湖（库）。

3）在建工程施工在运输、储存过程中泄漏对水体的污染。

4）在建工程施工废水、废料、废渣的不当排放对水环境的污染。

5）生活垃圾、废水处置不当对水环境的污染破坏。

6）其他人员活动造成的突发性水环境污染事件。

7）其他突发性水污染事件。

（2）应急指挥机构及职责。

（3）处置程序。

1）预警。

a. 检查监测本单位突发水污染事件诱发因素，分析突发公共卫生事件形势。在进行水质监测时，查明污染来源和主要污染物质，初步确定污染扩散范围；随着污染物扩散情况和监测结果变化，跟踪监测，直至突发性水污染事件消除。

b. 应急管理办公室收到可能发生水污染相关信息后，及时向应急管理领导小组反馈，分析险情信息，提出预警发布建议，经应急管理领导小组组长批准后，由应急管理办公室发布预警信息。

c. 根据事态发展，险情已得到有效控制且不会发生水污染事件的，应急管理领导小组办公室提出预警解除建议，经应急管理领导小组批准后，由应急管理领导小组办公室主任发布预警解除指令，及时传达到各相关部（室）及各值班岗位。

2）应急响应：①接警，应急管理办公室接到水污染事件报警时，应做好详细记录，并报告应急管理领导小组；②响应级别确定，应急管理领导小组接到突发水污染事件报告后，应立即根据报告信息，对警情做出判断，确定响应级别；③应急启动，突发水污染事件应急管理领导小组启动相应预案，组建突发水污染事件应急指挥部，启动相应应急程序，通知各应急管理领导小组开展应急处置。

（4）处置措施。

1）Ⅰ级应急处置：成立现场临时应急指挥部，指定临时总指挥，负责指挥、协调先期现场应急处置工作，根据事态发展，及时制定和调整救援抢险方案，整合、调动应急资源，开展应急处置，并随时向各级水文单位汇报。

2）Ⅱ级应急处置：在现场应急指挥部的统一指挥、协调下，各应急工作组按照各自职责迅速、有序开展应急处置工作，并及时向总指挥汇报处置进展情况；现场应急指挥部综合分析现场情况，并咨询有关专家，制定详细的水污染修复技术方案，指挥、协调应急处置工作。

3）Ⅲ级应急处置：在责任部门负责人的统一指挥、协调下，会同相关部门，各司其职、相互配合、密切协作积极开展应急处置工作，及时向应急管理办公室汇报处置进展情况；制定切实可行的水污染修复技术方案，对污染现场进行修复，消除不良影响；做好现场的水污染事故的应急采样、现场监测、实验室监测、数据及时处理汇总分析工作，实时跟踪水污染事件发展趋势。

5.《突发事件水文监测专项应急预案》

（1）事故风险分析。突发事件包括危及供水安全、破坏生态环境的水污染事件，江河洪水以及降雨引起的山洪、泥石流、滑坡事件，渍涝、干旱及城镇供水危机事件，堤防决口、水闸倒塌、行洪分洪等事件，其他突发公共水事件；突发事件若得不到很好的处置，可能导致水土流失、土地沙漠化、土壤盐碱化、生物多样性减少，引发泥石流等地质灾害，还可能导致群体性突发事件等。

（2）应急指挥机构及职责。

（3）处置程序。

1）预警：①水情管理部门根据辖区内及上游雨水情情况及时做出洪水预报，领导小组根据预报迅速做出决策，部署安排水文应急监测预警工作，其他相应科室、相应测站做好各项预警准备工作；②应急监测办公室收到可能发生突发事件相关信息后，及时向应急监测领导小组办公室反馈，获知突发事件信息后，领导小组立即按本预案启动应急监测工作程序，下达应急监测命令；③险情已得到有效控制，应急监测领导小组办公室提出预警解除建议，经应急监测领导小组批准后，由应急监测领导小组办公室主任发布预警解除指令，及时传达到各相关部（室）及各值班岗位。

2）应急响应：①接警，应急监测办公室接到突发水污染事件报警时，应做好详细记录，并报告应急监测领导小组；②响应级别确定，应急监测领导小组接到突发水污染事件报告后，应立即根据报告信息，对警情做出判断，确定响应级别；③应急启动，应急响应级别确定后，突发事件应急监测领导小组启动相应预案，组建突发事件水文监测应急指挥部，启动相应应急程序，通知各应急监测工作小组开展应急处置。

（4）处置措施。

1）Ⅰ级应急处置：根据实际需要成立现场临时应急指挥部，指定临时总指挥，负责指挥、协调先期现场应急处置工作，根据事态发展，及时制定和调整救援抢险方案，整合、调动应急资源，开展应急处置；并随时将现场处置情况及事故发展势态向省级水文单位汇报。

2）Ⅱ级应急处置：领导小组组长主持召开专题会商会，启动水文应急监测预案，作出水文监测工作应急部署，加强对汛情的监视和抗洪工作的指导；各应急监测队需在30分钟内启程赶赴现场开展监测，特殊情况由应急监测领导小组组长酌情安排调配应急监测队伍以及应急人员。

3）Ⅲ级应急处置：应急领导小组组长主持专题会商会，作出监测工作部署，加强对汛情的监视和对抗洪工作的指导；做好较大洪水、旱情等突发事件的应急措施准备。

第三节 安全风险防控手册

一、编制背景

2016年10月，国务院安全生产委员会办公室发布了《国务院安委会办公室关于实施遏制重特大事故工作指南构建双重预防机制的意见》（安委办〔2016〕11号），要求尽快建立健全安全风险分级管控和隐患排查治理的工作制度和规范，完善技术工程支撑、智能化管控、第三方专业化服务的保障措施，实现企业安全风险自辨自控。

2016年12月，水利部印发了《水利部关于印发〈贯彻落实中共中央国务院关于推进安全生产领域改革发展的意见〉实施办法的通知》，通知要求："加强安全风险管控。水利生产、经营等各项工作必须以安全为前提，实行重大安全风险'一票否决'。加强水利安全风险分级管控，建立水利安全风险分级管控体系，制定水利工程危险源辨识评价标准"。

2017年3月，水利部印发了《水利部关于印发2017年水利安全生产工作要点的通知》（水安监〔2017〕116号），通知要求："研究水利安全生产风险分级管控体系。贯彻落实《标本兼治遏制重特大事故工作指南》的要求，研究建立水利安全生产风险分级管控机制，开展水利重大危险源辨识与评价工作"。

2018年12月，水利部印发了《水利部关于开展水利安全风险分级管控的指导意见》（水监督〔2018〕323号），提出："水利生产经营单位要落实安全风险管控责任，全面开展危险源辨识和风险评价，强化安全风险管控措施，切实做好安全风险管控各项工作"。

水文行业具有作业种类多、作业环境复杂、多工种作业、多类型仪器设备运行、地域分散等特点，安全风险众多。为了有效地控制并降低水文勘测安全风险，减少事故，必须对水文行业各种作业中潜在的安全风险进行辨识和评价，并提前做好预控措施。

二、主要内容

（一）手册大纲

依据国家发展和改革委员会颁布的《危害辨识、风险评价和风险控制推荐作法》，风险辨识、评价区域可"按地理区域划分，按设备设施和装置划分，按作业任务划分，按岗位或部门划分，按上述方法结合进行划分"，考虑到水文行业特殊性（水环境监测实验室、危险化学品使用和管理、水文勘测作业、水行政执法等），并结合2018年12月水利部发布的《水利部关于开展水利安全风险分级管控的指导意见》，大纲如下。

1. 风险辨识、评价与控制基本知识

（1）基本概念。

（2）安全风险分类。

（3）风险辨识、风险评价与控制。

（4）辨识评价更新。

2. 分单元风险辨识、评价与控制表

(1) 现场环境。

1) 机关办公区。

2) 生活区。

3) 水文站所。

4) 水环境监测中心。

(2) 水文勘测作业。

1) 水质取样作业。

2) 水位勘测作业。

3) 雨量勘测作业。

4) 水流量勘测作业。

5) 野外勘测作业。

(3) 水文仪器设备维修养护。

1) 缆道养护作业。

2) 雨量站率定作业。

3) 水尺清污作业。

(4) 水环境监测实验室。

1) 酸、碱药品配置与使用。

2) 剧毒药品使用。

3) 易燃易爆气体使用。

(4) 砂管基地。

采砂执法作业。

(5) 用电系统。电工作业。

(6) 相关方。

1) 动土作业。

2) 高处作业。

3) 临时用电作业。

4) 起重吊装作业。

5) 水上水下作业。

6) 动火作业。

7) 临近带电体作业。

8) 水质取样作业。

(二) 安全风险评价方法介绍

该手册主要选择了作业条件危险性评价法(LEC法)和风险矩阵法(LS法)对单位的危险有害因素进行评价,前者主要适用于对作业活动类的风险评价,后者主要适用于对场所环境类的风险评价。

1. LEC法

LEC法是采用与系统危险有关的3种因素指标值之积来评价系统人员伤亡风险的大

小，这3种因素是：

（1）L——发生事故的可能性大小。

（2）E——人体暴露在这种风险环境中的频率程度。

（3）C——一旦发生事故会造成的损失后果。

其简化公式为

$$D（风险分值）=L\cdot E\cdot C$$

各项分值的判定见表4-1和表4-2。

表4-1 LEC分数值判定依据

发生事故的可能性 L		暴露于风险环境的频繁程度 E		发生事故产生的后果 C	
分数值	事故发生的可能性	分数值	暴露于危险环境的频繁程度	分数值	发生事故产生的后果
10	完全会被预料到	10	连续暴露于潜在危险环境	100	3人以上特大伤亡事故
6	相当可能	6	逐日在工作时间内暴露	40	1～2人重大伤亡事故
3	不经常，但可能	3	每周1次，或偶然暴露	15	重伤
1	完全意外，极少可能	2	每月暴露1次	7	轻伤（损失工作日80～105日）
0.5	可以设想，但高度不可能	1	每年几次出现在潜在危险环境	3	轻伤（损失工作日50～80日）
0.2	极不可能	0.5	非常罕见的暴露	1	轻伤（损失工作日1～50日）

表4-2 风险等级划分 D

D 值区间	危险程度	风险等级
$D>320$	极其危险，不能继续作业	重大风险
$320\geq D>160$	高度危险，需立即整改	较大风险
$160\geq D>70$	一般危险（或显著危险），需要整改	一般风险
$D\leq 70$	稍有危险，需要注意（或可以接受）	低风险

2. 风险矩阵法

风险矩阵法是用于识别风险和对其进行优先排序的有效工具，由风险发生的可能性与后果严重程度之积来评价。各项分值的判定见表4-3～表4-5。

表4-3 风险矩阵法分数值 L 判定依据

分数值	风险发生的可能性 L	分数值	风险发生的可能性 L
5	常常会发生	2	极少情况下才发生
4	较多情况下发生	1	一般情况下不会发生
3	某些情况下发生		

表4-4 风险矩阵法分数值 S 判定依据

分数值	后果严重程度 S
5	重大影响（重大业务失误，造成重大人身伤亡，情况失控，给企业致命影响）
4	严重影响（失去一些业务能力，造成严重人身伤害，情况失控，但无致命影响）

续表

分数值	后果严重程度 S
3	中度影响（造成一定人身伤害，需要医疗救援，需要外部支持才能控制情形）
2	轻度影响（造成轻微的人身伤害，情况立刻受到控制）
1	不受影响

表 4-5　　风险矩阵法风险等级划分 R

可能性	严重性					风险度 R	等级
	1	2	3	4	5		
1	1	2	3	4	5	17～25	重大风险
2	2	4	6	8	10	10～16	较大风险
3	3	6	9	12	15	5～9	一般风险
4	4	8	12	16	20	1～4	低风险

（三）水文特色风险辨识、评价单元介绍

1. 水文勘测作业风险辨识、评价与控制表

部分水文勘测作业风险辨识、评价与控制见表 4-6。

表 4-6　　水文勘测作业风险辨识、评价与控制表（部分）

项目	危险源	风险类别	危害因素	L/L	E	C/S	D/R	风险等级	控制措施	管控层级	管控部门
水质取样作业	取样途中	车辆伤害	车辆存在缺陷，如：刹车失灵等	1	3	40	120	一般	（1）定期进行车辆保养；（2）车辆行驶前应测试车辆性能	各地市州水文局	水文站队
			驾驶员疲劳驾驶、酒后驾驶	1	3	40	120	一般	（1）车辆驾驶员应保证足够休息时间；（2）严禁驾驶员酒后驾车	各地市州水文局	水文站队
			道路存在风险，如：山区危险边坡路段等	0.5	3	40	60	低	减速慢行、谨慎驾驶	各科室及岗位人员	水文站队
	水质取样	淹溺	取样作业过程中突然涨水	1	3	15	45	低	（1）临水施工派专人观察水位情况；（2）临水作业人员穿戴救生衣	各科室及岗位人员	水文站队
			作业人员未正确穿戴救生衣	1	3	15	45	低	督促作业人员穿戴救生衣等防护用品	各科室及岗位人员	水文站队
			取样河水水流较湍急	1	3	15	45	低	（1）作业谨慎；（2）督促作业人员穿戴救生衣等防护用品	各科室及岗位人员	水文站队

续表

项目	危险源	风险类别	危害因素	*L/L*	*E*	*C/S*	*D/R*	风险等级	控制措施	管控层级	管控部门
水质取样作业	水质取样	物体打击	取样场所随意扔物件	3	3	7	63	低	（1）严禁作业人员随手乱扔材料； （2）要求作业人员随身携带工具包	各科室及岗位人员	水文站队
			未穿戴劳动防护用品	1	3	7	21	低	正确穿戴并有效使用劳动防护用品	各科室及岗位人员	水文站队
		中毒和窒息	取样作业过程中接触放射性、毒性物质	1	3	15	45	低	（1）事先了解取样地点情况，做好预防措施； （2）远离放射性、毒性物质，正确有效地使用劳动防护用品，如防放射性服、防放射性手套等	各科室及岗位人员	水文站队
		其他伤害	高温季节，未发放必要的防暑降温药品、饮品	3	3	1	9	低	购买并发放防暑降温药品	各科室及岗位人员	水文站队
			野外蛇虫鸟兽造成伤害	3	3	1	9	低	提前熟悉环境、小心谨慎，亦可提前涂抹驱虫用品	各科室及岗位人员	水文站队
水位勘测作业	水位勘测途中	车辆伤害	车辆存在缺陷，如：刹车失灵等	1	1	40	40	低	（1）定期进行车辆保养； （2）车辆行驶前应测试车辆性能	各科室及岗位人员	水文站队
			驾驶员疲劳驾驶、酒后驾驶	1	1	40	40	低	（1）车辆驾驶员应保证足够休息时间； （2）严禁驾驶员酒后驾车	各科室及岗位人员	水文站队
			道路存在风险，如：山区危险边坡路段等	0.5	1	40	20	低	减速慢行、谨慎驾驶	各科室及岗位人员	水文站队
	水尺读数	淹溺	读数过程中突然涨水	1	1	15	15	低	（1）临水施工派专人观察水位情况； （2）临水作业人员穿戴救生衣	各科室及岗位人员	水文站队
			作业人员未穿戴救生衣	0.5	1	15	7.5	低	穿戴救生衣等防护用品	各科室及岗位人员	水文站队
			水位勘测河水水流较湍急	1	1	15	15	低	（1）作业谨慎； （2）穿戴救生衣等防护用品	各科室及岗位人员	水文站队

续表

项目	危险源	风险类别	危害因素	L/L	E	C/S	D/R	风险等级	控制措施	管控层级	管控部门
水位勘测作业	水尺读数	中毒和窒息	水尺读数过程中接触放射性、毒性物质	1	1	15	15	低	（1）事先了解取样地点情况，做好预防措施；（2）远离放射性、毒性物质，正确有效地使用劳动防护用品，如防放射性服、防放射性手套等	各科室及岗位人员	水文站队
		其他伤害	野外蛇虫鸟兽造成伤害	3	1	1	3	低	提前熟悉环境、小心谨慎，亦可提前涂抹驱虫用品	各科室及岗位人员	水文站队
雨量勘测作业	雨量勘测途中	车辆伤害	车辆存在缺陷，如：刹车失灵等	1	1	40	40	低	（1）定期进行车辆保养；（2）车辆行驶前应测试车辆性能	各科室及岗位人员	水文站队
			驾驶员疲劳驾驶、酒后驾驶	1	1	40	40	低	（1）车辆驾驶员应保证足够休息时间；（2）严禁驾驶员酒后驾车	各科室及岗位人员	水文站队
			道路存在风险，如：山区危险边坡路段等	0.5	1	40	20	低	减速慢行、谨慎驾驶	各科室及岗位人员	水文站队
	野外雨量站勘测	物体打击	边坡落石滑落	1	1	15	15	低	（1）边坡道路行走时应先观察边坡稳定性；（2）尽量选择相对稳定的路段行走	各科室及岗位人员	水文站队
		高处坠落	作业人员不慎从山坡滑落	1	1	15	15	低	谨慎行走	各科室及岗位人员	水文站队
		坍塌	山体滑坡	1	1	40	40	低	（1）尽量选择相对稳定的路段行走；（2）暴雨天气尽量避免野外勘测作业	各科室及岗位人员	水文站队
		中毒和窒息	野外雨量勘测作业过程中接触毒性物质	1	1	15	15	低	远离毒性物质，正确有效地使用劳动防护用品	各科室及岗位人员	水文站队
		其他伤害	高温季节，没有发放必要的防暑降温药品、饮品	3	1	1	3	低	购买并发放防暑降温药品	各科室及岗位人员	水文站队
			野外蛇虫鸟兽造成伤害	3	1	1	3	低	（1）提前熟悉环境、小心谨慎；（2）及时采取应急处置措施	各科室及岗位人员	水文站队

续表

项目	危险源	风险类别	危害因素	L/L	E	C/S	D/R	风险等级	控制措施	管控层级	管控部门
水流量勘测作业	水流量勘测作业途中	车辆伤害	车辆存在缺陷，如：刹车失灵等	1	2	40	80	一般	（1）定期进行车辆保养； （2）车辆行驶前应测试车辆性能	各地市州水文局	水文站队
			驾驶员疲劳驾驶、酒后驾驶	1	2	40	80	一般	（1）车辆驾驶员应保证足够休息时间； （2）严禁驾驶员酒后驾车	各地市州水文局	水文站队
			道路存在风险，如：山区危险边坡路段等	0.5	2	40	40	低	减速慢行、谨慎驾驶	各科室及岗位人员	水文站队
	野外水流量勘测	物体打击	边坡落石滑落	1	2	15	30	低	（1）野外边坡道路行走时应先观察边坡稳定性； （2）尽量选择相对稳定的路段行走	各科室及岗位人员	水文站队
		高处坠落	作业人员不慎从山坡滑落	1	2	15	30	低	谨慎行走，必要时配备防滑鞋	各科室及岗位人员	水文站队
		坍塌	山体滑坡	1	2	40	80	一般	（1）尽量选择相对稳定的路段行走； （2）暴雨天气尽量避免野外勘测作业	各地市州水文局	水文站队
		中毒和窒息	野外雨量勘测作业过程中接触毒性物质	1	2	15	30	低	远离毒性物质，正确有效地使用劳动防护用品，如防放射性服、防放射性手套等	各科室及岗位人员	水文站队
		其他伤害	高温季节，没有发放必要的防暑降温药品、饮品	3	2	1	6	低	购买并发放防暑降温药品	各科室及岗位人员	水文站队
			野外蛇虫鸟兽造成伤害	3	2	1	6	低	提前熟悉环境、小心谨慎，亦可提前涂抹驱虫用品	各科室及岗位人员	水文站队
	运用水文缆道测流量	物体打击	运动物体脱落	1	2	15	30	低	（1）每次运行前先检查物件是否固定牢固； （2）定期对运动物件进行维护保养，并定期检测	各科室及岗位人员	水文站队
			作业场所随意乱扔物件	3	2	15	90	一般	（1）严禁使用抛掷方法传送工具、材料； （2）要求作业人员随身携带工具包	各地市州水文局	水文站队

续表

项目	危险源	风险类别	危害因素	L/L	E	C/S	D/R	风险等级	控制措施	管控层级	管控部门
水流量勘测作业	运用水文缆道测流量	物体打击	未穿戴劳动防护用品	1	2	15	30	低	正确穿戴并有效使用劳动防护用品	各科室及岗位人员	水文站队
			高处物件存放不稳或小物件未集中存放	1	2	15	30	低	(1) 各类物资的堆放要安全牢固； (2) 小物件集中存放在可靠的箱体中； (3) 高处存放物料要稳固； (4) 禁止在物料平台边缘、平台和箱体中集中（局部）过量存放物料； (5) 加强过程安全检查，及时消除不稳定物件	各科室及岗位人员	水文站队
		机械伤害	移动部件未形成隔离	3	2	7	42	低	(1) 及时完善移动部位防护罩和隔离设施； (2) 建立并实施机械设备安装验收程序	各科室及岗位人员	水文站队
			违规操作	3	2	7	42	低	(1) 操控台张贴机械安全操作规程； (2) 严肃查处违规操作行为	各科室及岗位人员	水文站队
			电机皮带破裂飞溅	3	2	7	42	低	(1) 加强运转设备日常检查，及时消除旋转体缺陷； (2) 及时完善旋转部位防护罩和隔离区等设施	各科室及岗位人员	水文站队
			工器具使用方法不当	3	2	7	42	低	定期进行工器具的使用培训，严格按照操作规程进行操作	各科室及岗位人员	水文站队
野外勘测作业	野外勘测作业途中	车辆伤害	车辆存在缺陷，如：刹车失灵等	1	3	40	120	一般	(1) 定期进行车辆保养； (2) 车辆行驶前应测试车辆性能	各地市州水文局	水文站队
			驾驶员疲劳驾驶、酒后驾驶	1	3	40	120	一般	(1) 车辆驾驶员应保证足够休息时间； (2) 严禁驾驶员酒后驾车	各地市州水文局	水文站队
			道路存在风险，如：山区危险边坡路段等	0.5	3	40	60	低	减速慢行、谨慎驾驶	各科室及岗位人员	水文站队

续表

项目	危险源	风险类别	危害因素	L/L	E	C/S	D/R	风险等级	控制措施	管控层级	管控部门
野外勘测作业	野外勘测作业	物体打击	边坡落石滑落	1	3	15	45	低	（1）野外边坡道路行走时应先观察边坡稳定性；（2）尽量选择相对稳定的路段行走	各科室及岗位人员	水文站队
野外勘测作业	野外勘测作业	高处坠落	作业人员不慎从山坡滑落	1	3	15	45	低	谨慎行走，必要时配备防滑鞋	各科室及岗位人员	水文站队
野外勘测作业	野外勘测作业	坍塌	山体滑坡	1	3	40	120	一般	（1）尽量选择相对稳定的路段行走；（2）暴雨天气尽量避免野外勘测作业	各地市州水文局	水文站队
野外勘测作业	野外勘测作业	中毒和窒息	野外雨量勘测作业过程中接触毒性物质	1	3	15	45	低	远离毒性物质，正确有效地使用劳动防护用品，如防放射性服、防放射性手套等	各科室及岗位人员	水文站队
野外勘测作业	野外勘测作业	其他伤害	高温季节，没有发放必要的防暑降温药品、饮品	3	3	1	9	低	购买并发放防暑降温药品	各科室及岗位人员	水文站队
野外勘测作业	野外勘测作业	其他伤害	野外蛇虫鸟兽造成伤害	3	3	1	9	低	提前熟悉环境、小心谨慎	各科室及岗位人员	水文站队

2. 水环境监测实验风险辨识、评价与控制表

部分水环境监测实验风险辨识、评价与控制见表4-7。

表4-7　　水环境监测实验风险辨识、评价与控制表（部分）

项目	危险源	风险类别	危害因素	L/L	E	C/S	D/R	风险等级	控制措施	管控层级	管控部门
水质取样作业	取样途中	车辆伤害	车辆存在缺陷，如：刹车失灵等	1	3	40	120	一般	（1）定期进行车辆保养；（2）车辆行驶前应测试车辆性能	各地市州水文局	水环境监测中心
水质取样作业	取样途中	车辆伤害	驾驶员疲劳驾驶、酒后驾驶	1	3	40	120	一般	（1）车辆驾驶员应保证足够休息时间；（2）严禁驾驶员酒后驾车	各地市州水文局	水环境监测中心
水质取样作业	取样途中	车辆伤害	道路存在风险，如：山区危险边坡路段等	0.5	3	40	60	低	减速慢行、谨慎驾驶	各科室及岗位人员	水环境监测中心

续表

项目	危险源	风险类别	危害因素	L/L	E	C/S	D/R	风险等级	控制措施	管控层级	管控部门
水质取样作业	水质取样	淹溺	作业人员不慎落水	1	3	15	45	低	(1) 取样时应小心谨慎；(2) 穿戴救生衣等防护用品	各科室及岗位人员	水环境监测中心
			取样作业过程中突然涨水	1	3	15	45	低	(1) 临水施工派专人观察水位情况；(2) 临水作业人员穿戴救生衣	各科室及岗位人员	水环境监测中心
			作业人员未正确穿戴救生衣	1	3	15	45	低	督促作业人员穿戴救生衣等防护用品	各科室及岗位人员	水环境监测中心
			取样河水水流较湍急	1	3	15	45	低	(1) 作业谨慎；(2) 督促作业人员穿戴救生衣等防护用品	各科室及岗位人员	水环境监测中心
		物体打击	取样场所随意扔物件	3	3	7	63	低	(1) 严禁作业人员随手乱扔材料；(2) 要求作业人员随身携带工具包	各科室及岗位人员	水环境监测中心
			未穿戴劳动防护用品	1	3	7	21	低	正确穿戴并有效使用劳动防护用品	各科室及岗位人员	水环境监测中心
		中毒和窒息	取样作业过程中接触放射性、毒性物质	1	3	15	45	低	(1) 事先了解取样地点情况，做好预防措施；(2) 远离放射性、毒性物质，正确有效地使用劳动防护用品	各科室及岗位人员	水环境监测中心
		其他伤害	高温季节，未发放必要的防暑降温药品、饮品	3	3	1	9	低	购买并发放防暑降温药品	各科室及岗位人员	水环境监测中心
			野外蛇虫鸟兽造成伤害	3	3	1	9	低	提前熟悉环境、小心谨慎，亦可提前涂抹驱虫用品	各科室及岗位人员	水环境监测中心

续表

项目	危险源	风险类别	危害因素	L/L	E	C/S	D/R	风险等级	控制措施	管控层级	管控部门
化学检测	一般试剂配置及使用	灼烫	试剂配置时液体飞溅	3	3	3	27	低	(1) 根据操作规程进行操作； (2) 佩戴劳动防护用品	各科室及岗位人员	水环境监测中心
		中毒和窒息	用嘴吸移液管	3	3	7	63	低	(1) 严格遵守操作规程； (2) 禁止用嘴直接吸取； (3) 如无吸气器可用量筒量取	各科室及岗位人员	水环境监测中心
			实验完成后未洗手	3	3	7	63	低	实验完成后及时洗手	各科室及岗位人员	水环境监测中心
	危险化学试剂配置及使用	灼烫、中毒和窒息	搬运危险化学试剂时，发生了碰撞，造成了泄露或溅射	3	3	15	135	一般	搬运化学试剂时应轻拿轻放，防止撞击、摩擦、碰摔、震动，避免坠地或溅射	各地市州水文局	水环境监测中心
			未穿戴劳动防护用品	1	3	15	45	低	使用过程穿戴劳动防护用品（工作服、手套、口罩、眼罩等）	各科室及岗位人员	水环境监测中心
			已穿戴劳动防护用品，但劳动防护用品失效，如防护手套破损等	1	3	15	45	低	(1) 定期对劳动防护用品进行检查； (2) 实验前，对劳动防护用品进行检查，发现破损时及时更换	各科室及岗位人员	水环境监测中心
			未设置报警设施、泄险区	1	3	15	45	低	(1) 应在有毒有害作业场所设置报警设施； (2) 设置应急撤离通道和必要的泄险区	各科室及岗位人员	水环境监测中心
			稀释浓酸时，操作步骤出错，发生了液体飞溅	3	3	15	135	一般	(1) 稀释浓酸时，应缓慢地将浓硫酸倒入水中，不应向浓硫酸中加水； (2) 做好劳动防护用品的防护	各地市州水文局	水环境监测中心
			配置好的药品，未进行封盖处理	1	3	15	45	低	配置好的药品，应立即封盖，避免倾覆、挥发等	各科室及岗位人员	水环境监测中心
			药品配置、煮沸、烘干等未在通风橱中进行	3	3	15	135	一般	药品配置应在通风橱中进行，防止化学品由呼吸系统进入人体	各地市州水文局	水环境监测中心

续表

项目	危险源	风险类别	危害因素	L/L	E	C/S	D/R	风险等级	控制措施	管控层级	管控部门
化学检测	危险化学试剂配置及使用	灼烫、中毒和窒息	在通风橱配置药品时，将头伸入通风橱内操作	3	3	15	135	一般	严格按照操作规程，不应将头伸入通风橱中操作	各地市州水文局	水环境监测中心
			喷溅式移注	3	3	15	135	一般	移注酸碱液时，要用虹吸管，不要用漏斗，以防酸、碱溶液溅出	各地市州水文局	水环境监测中心
			用嘴吸移液管	3	3	15	135	一般	（1）严格遵守操作规程； （2）禁止用嘴直接吸取； （3）如无吸气器可用量筒量取	各地市州水文局	水环境监测中心
			误食或误吸入试剂	3	3	15	135	一般	（1）吸入化学药品后，应立即将中毒人员转遇到空气新鲜处，尽快就医； （2）误食化学品后，应立即漱口、催吐，并尽快就医； （3）可使用牛奶、鸡蛋等解毒剂，中和或改变毒物的化学成分，从而减轻伤害	各地市州水文局	水环境监测中心
		火灾、其他爆炸	通风不良，环境潮湿	3	3	15	135	一般	设置通风措施，定期除湿，确保环境干净	各地市州水文局	水环境监测中心
		火灾	未根据具体的起火物质配备合适的灭火器	1	3	15	45	低	（1）起火物质为可燃性液体时，可采用泡沫灭火器和化学干粉灭火器； （2）起火物质为可燃液体，但与电源有接触时，应用化学干粉灭火器，禁用水和泡沫灭火器	各科室及岗位人员	水环境监测中心
		其他伤害	药品配置过程中，玻璃仪器破碎	6	3	3	54	低	（1）药品配置时，应按实验室操作要求，避免因操作失误造成容器破碎； （2）配置药品时，应做好个人的安全防护； （3）实验室应配备急救医药箱	各科室及岗位人员	水环境监测中心
			在实验室工作人员上岗前，未对存在的职业危害和危险因素进行告知	1	3	7	21	低	（1）单位应在实验室工作人员上岗前进行职业危害告知； （2）就工作中存在的危险源、药品的危险特性、采取的预防措施、应急处理措施等对工作人员进行培训	各科室及岗位人员	水环境监测中心

续表

项目	危险源	风险类别	危害因素	L/L	E	C/S	D/R	风险等级	控制措施	管控层级	管控部门
仪器检测	水质检测	火灾、容器爆炸	气瓶瓶体、减压阀、橡胶管黏有油污，橡胶管鼓包、有裂纹	1	3	15	45	低	（1）及时清洗清理； （2）避免撞击瓶体或在瓶体上产生静电； （3）作业前进行检查，发现异常及时更换	各科室及岗位人员	水环境监测中心
			易燃、易爆气体泄漏	3	3	15	135	一般	（1）作业前应进行检查，输气管破损应立即更换； （2）气瓶瓶阀周围有泄漏，立即关闭气瓶阀，拧紧密封螺帽； （3）泄漏无法阻止时，应将燃气瓶移至室外，远离所有起火源，缓缓打开气瓶阀，逐渐释放内存的气体； （4）气瓶泄漏导致的起火，可通过关闭瓶阀，采用水、湿布、灭火器等手段予以熄灭	各地市州水文局	水环境监测中心
			操作气瓶阀门时使用产生火花工具	3	3	15	135	一般	（1）操作气瓶阀门时使用不产生火花工具； （2）配有手轮的气瓶阀门不得用榔头或扳手开启	各地市州水文局	水环境监测中心
			气瓶内的气体全部用尽	3	3	15	135	一般	（1）气瓶瓶内气体不得用尽； （2）压缩气体气瓶的剩余压力应当不小于0.05MPa； （3）液化气体、低温液化气体气瓶应当不少于0.5%～1.0%规定充装量的剩余气体	各科室及岗位人员	水环境监测中心
		物体打击	气瓶倾倒	3	3	7	63	低	气瓶放置时设置防倾加固措施	各科室及岗位人员	水环境监测中心
			操作气瓶时不注意，工具掉落	3	3	7	63	低	操作人员精神集中	各科室及岗位人员	水环境监测中心
		触电	开关、线路裸露或受潮，且未安装漏电保护器	3	3	7	63	低	（1）电源开关必须按要求设置漏电保护器，漏电保护器动作可靠； （2）电工定时检查，及时处理隐患	各科室及岗位人员	水环境监测中心
		火灾	在易燃物品附近吸烟或使用明火	3	3	15	135	一般	（1）严禁在实验室吸烟； （2）增加对易燃物品的规范管理	各地市州水文局	水环境监测中心

续表

项目	危险源	风险类别	危害因素	L/L	E	C/S	D/R	风险等级	控制措施	管控层级	管控部门
仪器检测	气瓶管理	容器爆炸	不同气瓶搬运混装	3	3	15	135	一般	（1）搬运时严禁混装； （2）易燃品、油脂和带有油污的物品，严禁与氧气瓶一起运输； （3）氢气瓶和氧气瓶不应同存一处	各地市州水文局	水环境监测中心
			搬运时，气瓶安全帽脱落	1	3	15	45	低	（1）搬运气瓶时，关闭气瓶阀，而且不得提拉气瓶上的阀门保护套； （2）搬运时，应防止气瓶安全帽脱落	各科室及岗位人员	水环境监测中心
			搬运气瓶时，将气瓶直接在地上滚动或将气瓶作为滚动支架	3	3	15	135	一般	（1）轻装轻卸，严禁横倒在地上滚动气瓶； （2）气瓶不得作为滚动支架	各地市州水文局	水环境监测中心
		火灾	气瓶瓶体、减压阀、橡胶管黏有油污	1	3	15	45	低	（1）及时清洗清理； （2）避免撞击瓶体或在瓶体上产生静电	各科室及岗位人员	水环境监测中心
			乙炔瓶未安装回火防止器	3	3	15	135	一般	（1）加装回火防止器； （2）气瓶上应设置防止倒灌的装置，如单向阀、止回阀等	各地市州水文局	水环境监测中心
药品管理	药品购买	中毒和窒息，其他伤害	使用的药品未向具有合法资质的生产、经营单位采购	1	2	15	30	低	危险化学品应向具有合法资质的生产、经营单位进行采购	各科室及岗位人员	水环境监测中心
	药品存储	中毒和窒息，其他爆炸	药品未单独存放	1	3	40	120	一般	（1）禁止将剧毒；药品与其他物品混放； （2）应将剧毒药品单独封装，存放在保险柜中； （3）根据药品的性质，单独存放	各地市州水文局	水环境监测中心
		中毒和窒息	未设置通风设施或通风不良	3	3	15	135	一般	在存储场所设置强制通风设备	各地市州水文局	水环境监测中心

续表

项目	危险源	风险类别	危害因素	L/L	E	C/S	D/R	风险等级	控制措施	管控层级	管控部门
药品管理	药品领用	中毒和窒息	取用多种药品时，发生了碰撞，造成了泄漏或溅射	3	3	15	135	一般	搬运化学药品时应轻拿轻放，防止撞击、摩擦、碰摔、震动，避免坠地或溅射	各地市州水文局	水环境监测中心
			危险化学试剂领用不规范	1	3	15	45	一般	入库和领用应执行“五双”，即：双本账、双人管、双把锁、双人领、双人用	各科室及岗位人员	水环境监测中心
	废弃处理	灼烫、中毒和窒息、其他伤害	擅自违规处置废液	3	3	15	135	一般	（1）废酸、废碱必须倒在专门的容器内；（2）容器应放在安全的地方；（3）由具备废液处理资质单位处置；（4）剧毒品报废后，应立即报告当地公安部门和负责危险化学品安全监督管理综合工作的部门，根据其安排作出处置	各地市州水文局	水环境监测中心
			废液未经处理即进行了排放	3	3	15	135	一般	废液应适当处理，pH值在6.5～8.5之间，不存在可燃、腐蚀等危害，才可进行排放	各地市州水文局	水环境监测中心
			将失效的剧毒药品私自掩埋销毁	3	3	15	135	一般	应经环境保护部门等同意并在其监督下，使用能够消除毒性、避免污染环境的物理或化学方法处理	各地市州水文局	水环境监测中心

3. 水文仪器设备维修养护风险辨识、评价与控制表

部分水文仪器设备维修养护风险辨识、评价与控制见表4-8。

表4-8　　水文仪器设备维修养护风险辨识、评价与控制表（部分）

项目	危险源	风险类别	危害因素	L/L	E	C/S	D/R	风险等级	控制措施	管控层级	管控部门
缆道养护作业	钢塔支架养护	高处坠落	未有效使用安全带等劳动防护用品	3	1	15	45	低	作为强制性条款，要求作业人员高处作业时正确佩戴安全带	各科室及岗位人员	水文站队
			安排患有职业禁忌的人员进行高处作业	1	1	15	15	低	做好员工上岗前的职业健康检查，避免慢性肾炎等身体条件不适宜人员参与高空作业	各科室及岗位人员	水文站队

续表

项目	危险源	风险类别	危害因素	*L/L*	*E*	*C/S*	*D/R*	风险等级	控制措施	管控层级	管控部门
缆道养护作业	钢塔支架养护	高处坠落	无相应防护设施或安全设施不完善、损坏	1	1	15	45	低	工作平台按规范要求设置防护栏杆等安全防护设施	各科室及岗位人员	水文站队
			遇恶劣气候仍然进行钢塔支架养护高处作业	3	1	15	45	低	(1) 尽量避开恶劣天气进行高处作业； (2) 在雨雪霜等天气下必须进行作业时，应设置防滑、防坠落的防护设施	各科室及岗位人员	水文站队
		物体打击	作业人员失手或抛掷物件、工器具	3	1	7	21	低	(1) 严禁抛掷物件； (2) 要求员工高处作业时必须佩带工具包	各科室及岗位人员	水文站队
		触电	雷雨天气进行钢塔养护	3	1	15	45	低	严禁在雷雨天气进行缆道养护作业	各科室及岗位人员	水文站队
			钢塔支架未设置防雷接地或防雷接地不满足要求	3	1	15	45	低	各类钢塔支架防雷接地设备的选型、数量、尺寸、材料及布设情况应满足防雷要求，塔架、主索、工作索等要求防雷等电位接地，接地电阻不大于10Ω，接地点宜选在塔架下方	各科室及岗位人员	水文站队
		其他伤害	除锈、油漆养护不当	3	1	7	21	低	作为强制性条款，要求养护作业人员正确佩戴防护口罩	各科室及岗位人员	水文站队
	驱动设备、控制系统养护	触电	开关、线路裸露或受潮、浸水，且未安装漏电保护装置	6	1	7	42	低	(1) 电源开关必须按要求设置漏电保护器，漏电保护器动作可靠； (2) 电工定时检查，及时处理隐患	各科室及岗位人员	水文站队
			进行电动机等电气设备清洁维护、检修时未断电	6	1	7	42	低	(1) 在电气设备进行清洁维护和检修前应必须先切断电源； (2) 严禁用湿手接触未切断电源的电气设备	各科室及岗位人员	水文站队

续表

项目	危险源	风险类别	危害因素	L/L	E	C/S	D/R	风险等级	控制措施	管控层级	管控部门
缆道养护作业	驱动设备、控制系统养护	机械伤害	养护作业人员过度疲劳	3	1	7	21	低	(1) 班组长作业前和作业中检查人员工作状态； (2) 作业时设置休息时间	各科室及岗位人员	水文站队
			设备的转动部分未设置防护罩	6	1	7	42	低	(1) 作业时不要靠近机械转动部位； (2) 转动部位应安装符合要求的防护罩等安全防护装置	各科室及岗位人员	水文站队
		火灾	清洁维护、打油作业人员违章吸烟或使用明火	3	1	15	45	低	清洁维护打油时严禁吸烟或使用明火	各科室及岗位人员	水文站队
			设备接地不良	1	1	15	15	低	电气设备必须有接地保护，并定期对设备进行电气检查	各科室及岗位人员	水文站队
		物体打击	养护作业时扳手等工具滑脱	3	1	7	21	低	(1) 扳手可用绳索系挂在身上，工具应随手放入工具袋内； (2) 操作人员精神集中	各科室及岗位人员	水文站队
	钢丝绳养护	淹溺	未有效使用安全带、救生衣等劳动防护用品	3	1	15	45	低	(1) 作为强制性条款，要求作业人员高处作业时系安全带； (2) 进行水上钢丝绳养护，要求作业人员穿戴救生衣	各科室及岗位人员	水文站队
			作业人员身体条件不适宜钢丝绳养护作业	3	1	15	45	低	做好员工身体健康检查，避免身体条件不适宜参与高空作业的人员进行钢丝绳养护作业	各科室及岗位人员	水文站队
			遇恶劣气候仍然进行钢丝绳养护作业	3	1	15	45	低	进行钢丝绳养护作业时，应避开恶劣天气	各科室及岗位人员	水文站队
			钢丝绳应报废未进行报废	3	1	15	45	低	(1) 缆道主索、工作索等，发现有下列情况之一时应予以报废； (2) 钢丝绳每一年搓绕节距长度内，断丝根数顺捻超过5%，交捻超过10%时； (3) 钢丝索中有一股折断时； (4) 钢丝索疲劳现象严重，使用时断丝数目增加很快时； (5) 使用达到一定年限时	各科室及岗位人员	水文站队

续表

项目	危险源	风险类别	危害因素	L/L	E	C/S	D/R	风险等级	控制措施	管控层级	管控部门
雨量站率定作业	雨量站率定作业	高处坠落	未有效使用安全带等劳动防护用品	1	2	15	30	低	作为强制性条款，要求作业人员高处作业时系安全带	各科室及岗位人员	水文站队
			已采取安全防护措施，但措施失效，如安全带断裂等	1	2	15	30	低	（1）定期对安全防护用品和用具进行检查；（2）每次养护作业前，对安全防护用品进行检查，发现破损时及时更换	各科室及岗位人员	水文站队
			安排患有职业禁忌的人员进行雨量站率定高处作业	3	2	15	90	一般	做好员工身体健康检查，避免身体条件不适宜人员参与高空作业	各地市州水文局	水文站队
			遇恶劣气候仍然进行野外雨量站率定高处作业	1	2	15	30	低	（1）尽量避开恶劣天气进行高处作业；（2）临时设置防滑、防坠落的防护设施	各科室及岗位人员	水文站队
		物体打击	作业人员失手或抛掷物件、工器具	3	2	7	42	低	（1）严禁抛掷物件；（2）要求员工高处作业时必须佩带工具包	各科室及岗位人员	水文站队
		触电	雷雨天气进行野外雨量站率定作业	3	2	15	90	一般	严禁在雷雨天气进行野外雨量站率定作业	各地市州水文局	水文站队
		坍塌	在途中或作业过程中，发生山体滑坡等地质灾害	1	2	40	80	一般	（1）计划进行雨量站率定作业前，应注意天气情况，禁止在雨天进行野外作业；（2）在前往雨量站率定作业途中和作业过程中注意观察周围环境	各地市州水文局	水文站队
		车辆伤害	前往雨量站途中，车辆存在缺陷，如：刹车失灵等	1	2	40	80	一般	（1）车辆定期进行保养；（2）车辆行驶前应测试车辆性能，发现问题及时维修	各地市州水文局	水文站队
			驾驶员疲劳驾驶、酒后驾驶	1	2	40	80	一般	（1）车辆驾驶员应保证足够休息时间；（2）严禁驾驶员酒后驾车	各地市州水文局	水文站队
			行驶道路存在风险，如：山区危险边坡路段	0.5	2	40	40	低	减速慢行、谨慎驾驶	各科室及岗位人员	水文站队

续表

项目	危险源	风险类别	危害因素	L/L	E	C/S	D/R	风险等级	控制措施	管控层级	管控部门
雨量站率定作业	雨量站率定作业	其他伤害	在途中或作业过程中，被蛇虫鸟兽叮咬	1	2	7	14	低	（1）进入山区、树林、草丛地带应注意观察周围情况，穿好鞋袜，扎紧裤腿，最好手拿一根棍子，边走边打草； （2）被蛇虫咬伤后不要剧烈奔跑，应立即坐下或卧下，采取正确的处理方法	各科室及岗位人员	水文站队
水尺清污作业	水尺清污作业	淹溺	清污过程中作业人员注意力不集中	3	1	15	45	低	（1）作业过程应谨慎； （2）正确穿戴救生衣等防护用品	各科室及岗位人员	水文站队
			已采取安全防护措施，但措施失效，如未正确穿戴救生衣、救生衣漏气等	1	1	15	15	低	（1）定期对安全防护用品进行检查； （2）每次养护作业前，对安全防护用品进行检查，发现破损时及时更换	各科室及岗位人员	水文站队
			在大雨、暴雨天作业，水位突然上涨	1	1	15	15	低	（1）正确穿戴救生衣等防护用品； （2）计划进行水尺清污作业前，应注意天气情况，禁止在雨天进行野外作业； （3）根据水文气象条件，合理安排作业	各科室及岗位人员	水文站队
		车辆伤害	前往途中，由于车辆存在缺陷，如：刹车失灵等	1	1	40	40	低	（1）车辆定期进行保养； （2）车辆行驶前应测试车辆性能，发现问题及时维修	各科室及岗位人员	水文站队
			驾驶员疲劳驾驶、酒后驾驶	1	1	40	40	低	（1）车辆驾驶员应保证足够休息时间； （2）严禁驾驶员酒后驾车	各科室及岗位人员	水文站队
			行驶道路存在风险，如：山区危险边坡路段	0.5	1	40	20	低	减速慢行、谨慎驾驶	各科室及岗位人员	水文站队
		物体打击	作业时，作业人员未正确配戴安全帽	1	1	15	15	低	作为强制性条款，要求作业人员必须正确佩戴安全帽	各科室及岗位人员	水文站队
			已采取安全防护措施，但措施失效，如安全帽过期失效	1	1	15	15	低	（1）定期对安全防护用品进行检查； （2）每次作业前，对安全防护用品进行检查，发现破损时及时更换	各科室及岗位人员	水文站队

续表

项目	危险源	风险类别	危害因素	L/L	E	C/S	D/R	风险等级	控制措施	管控层级	管控部门
水尺清污作业	水尺清污作业	触电	雷雨天气进行野外水尺清污作业	3	1	15	45	低	严禁在雷雨天气进行水尺清污作业	各科室及岗位人员	水文站队
		其他伤害	在对水面以上的水尺部分进行清污时，作业人员注意力不集中	6	1	7	42	低	在进行水尺清污时，注意观察脚下路况，踏实踩稳	各科室及岗位人员	水文站队
			作业人员在途中或作业过程中，未采取防蛇虫伤害措施	3	1	7	21	低	（1）进入山区、树林、草丛地带应穿好鞋袜，扎紧裤腿，最好手拿一根棍子，边走边打草； （2）被蛇咬伤后不要剧烈奔跑，应立即坐下或卧下，采取正确的处理方法； （3）发现蚂蟥已吸附在皮肤上，可用手轻拍使其脱离皮肤，也可用食醋、酒、盐水、烟油水或清凉油涂抹在蚂蟥身上和吸附处，使其自然脱出	各科室及岗位人员	水文站队
沉沙池清淤作业	沉沙池清淤作业	车辆伤害	车辆存在缺陷，如：刹车失灵等	1	1	40	40	低	（1）定期进行车辆保养； （2）车辆行驶前应测试车辆性能	各科室及岗位人员	水文站队
			驾驶员疲劳驾驶、酒后驾驶	1	1	40	40	低	（1）车辆驾驶员应保证足够休息时间； （2）严禁驾驶员酒后驾车	各科室及岗位人员	水文站队
			道路存在风险，如：山区危险边坡路段等	0.5	1	40	20	低	减速慢行、谨慎驾驶	各科室及岗位人员	水文站队
		淹溺	作业人员不慎落水	1	1	15	15	低	（1）作业应小心谨慎； （2）穿戴救生衣等防护用品	各科室及岗位人员	水文站队
			在大雨、暴雨天作业，水位突然上涨	1	1	15	15	低	（1）正确穿戴救生衣等防护用品； （2）计划进行沉沙池清淤作业前，应注意天气情况，禁止在雨天进行野外作业； （3）根据水文气象条件，合理安排作业	各科室及岗位人员	水文站队

续表

项目	危险源	风险类别	危害因素	L/L	E	C/S	D/R	风险等级	控制措施	管控层级	管控部门
沉沙池清淤作业	沉沙池清淤作业	中毒和窒息	作业前未进行通风、检测	3	1	40	120	一般	（1）进入有限空间前应进行通风，检测合格后方可进入；（2）设置防护措施，配置防护用品	各地市州水文局	水文站队
			作业人员未正确穿戴安全防护用品	3	1	40	120	一般	（1）配置防护用品，教育、督促从业人员正确使用防护用品；（2）加强作业前的检查	各地市州水文局	水文站队
		其他爆炸	作业前未通风、检测	3	1	40	120	一般	（1）进入有限空间前应进行通风，检测合格后方可进入；（2）设置防护措施，配置防护用品	各地市州水文局	水文站队
			使用工具不当	3	1	40	120	一般	（1）使用符合要求的工器具；（2）加强作业前的检查	各地市州水文局	水文站队
		其他伤害	高温季节，未发放必要的防暑降温药品、饮品	3	1	1	3	低	购买并发放防暑降温药品	各科室及岗位人员	水文站队
			野外蛇虫鸟兽造成伤害	3	1	1	3	低	提前熟悉环境、小心谨慎，亦可提前涂抹驱虫用品	各科室及岗位人员	水文站队

（四）重点岗位安全风险管控清单

部分检测（人）员岗位安全风险管控清单见表4-9，部分采样人员岗位安全风险管控清单见表4-10，部分执法队员岗位安全风险管控清单见表4-11。

表4-9　　检测（人）员岗位安全风险管控清单（部分）

项目	危险源	风险类别	危害因素	L/L	E	C/S	D/R	风险等级	控制措施	管控层级	管控部门
化学检测	一般试剂配置及使用	灼烫	试剂配置时液体飞溅	3	3	3	27	低	（1）根据操作规程进行操作；（2）佩戴劳动防护用品	各科室及岗位人员	水环境监测中心
		中毒和窒息	用嘴吸移液管	3	3	7	63	低	（1）严格遵守操作规程；（2）禁止用嘴直接吸取；（3）如无吸气器可用量筒量取	各科室及岗位人员	水环境监测中心
			实验完成后未洗手	3	3	7	63	低	实验完成后及时洗手	各科室及岗位人员	水环境监测中心

续表

项目	危险源	风险类别	危害因素	L/L	E	C/S	D/R	风险等级	控制措施	管控层级	管控部门
化学检测	危险化学试剂配置及使用	灼烫、中毒和窒息	搬运危险化学试剂时，发生了碰撞，造成了泄露或溅射	3	3	15	135	一般	搬运化学试剂时应轻拿轻放，防止撞击、摩擦、碰摔、震动，避免坠地或溅射	各地市州水文局	水环境监测中心
			未穿戴劳动防护用品	1	3	15	45	低	使用过程穿戴劳动防护用品（工作服、手套、口罩、眼罩等）	各科室及岗位人员	水环境监测中心
			药品配置、煮沸、烘干等未在通风橱中进行	3	3	15	135	一般	药品配置应在通风橱中进行，防止化学品由呼吸系统进入人体	各地市州水文局	水环境监测中心
			在通风橱配置药品时，将头伸入通风橱内操作	3	3	15	135	一般	（1）严格按照操作规程进行操作； （2）不应将头伸入通风橱中操作	各地市州水文局	水环境监测中心
			喷溅式移注	3	3	15	135	一般	移注酸碱液时，要用虹吸管，不要用漏斗，以防酸、碱溶液溅出	各地市州水文局	水环境监测中心
			用嘴吸移液管	3	3	15	135	一般	（1）严格遵守操作规程进行操作； （2）禁止用嘴直接吸取； （3）如无吸气器可用量筒量取	各地市州水文局	水环境监测中心
			误食或误吸入试剂	3	3	15	135	一般	（1）吸入化学药品后，应立即将中毒人员转遇到空气新鲜处，尽快就医； （2）误食化学品后，应立即漱口、催吐，并尽快就医； （3）可使用牛奶、鸡蛋等解毒剂，中和或改变毒物的化学成分，从而减轻伤害	各地市州水文局	水环境监测中心
		火灾、其他爆炸	通风不良，环境潮湿	3	3	15	135	一般	要求单位设置通风措施，定期除湿，确保环境干净	各地市州水文局	水环境监测中心
			电气设备未采取防爆措施	3	3	15	135	一般	（1）要求单位使用防爆电气设备，并设置防静电措施； （2）作业前检查，确保设施完好有效	各地市州水文局	水环境监测中心
		其他伤害	药品配置过程中，玻璃仪器破碎	6	3	3	54	低	（1）药品配置时，应按实验室操作要求，避免因操作失误造成容器破碎； （2）配置药品时，应做好个人的安全防护	各科室及岗位人员	水环境监测中心

续表

项目	危险源	风险类别	危害因素	L/L	E	C/S	D/R	风险等级	控制措施	管控层级	管控部门
仪器检测	水质检测	火灾、容器爆炸	气瓶瓶体、减压阀、橡胶管黏有油污，橡胶管鼓包、有裂纹	1	3	15	45	低	（1）及时清洗清理； （2）避免撞击瓶体或在瓶体上产生静电； （3）作业前进行检查，发现异常及时更换	各科室及岗位人员	水环境监测中心
			易燃、易爆气体泄漏	3	3	15	135	一般	（1）作业前应进行检查，输气管破损应立即更换； （2）动火点、氧气瓶、易燃、易爆气体气瓶应保持安全距离； （3）气瓶瓶阀周围有泄漏，立即关闭气瓶阀，拧紧密封螺帽； （4）泄漏无法阻止时，应将燃气瓶移至室外，远离所有起火源，缓缓打开气瓶阀，逐渐释放内存的气体； （5）气瓶泄漏导致的起火，可通过关闭瓶阀，采用水、湿布、灭火器等手段予以熄灭	各地市州水文局	水环境监测中心
			操作气瓶阀门时使用产生火花工具	3	3	15	135	一般	（1）操作气瓶阀门时使用不产生火花工具； （2）配有手轮的气瓶阀门不得用榔头或扳手开启	各地市州水文局	水环境监测中心
			气瓶内的气体全部用尽	3	3	15	135	一般	（1）作业时不得用尽气瓶瓶内气体，确保压缩气体气瓶的剩余压力应当不小于0.05MPa； （2）液化气体、低温液化气体气瓶应当不少于0.5%～1.0%规定充装量的剩余气体	各科室及岗位人员	水环境监测中心
		物体打击	气瓶倾倒	3	3	7	63	低	放置气瓶时设置防倾加固措施	各科室及岗位人员	水环境监测中心
			操作气瓶时不注意，工具掉落	3	3	7	63	低	作业过程中保持精神集中，将工具放置在工具包内	各科室及岗位人员	水环境监测中心

续表

项目	危险源	风险类别	危害因素	L/L	E	C/S	D/R	风险等级	控制措施	管控层级	管控部门
仪器检测	水质检测	触电	开关、线路裸露或受潮，且未安装漏电保护器	3	3	7	63	低	（1）加强作业前的检查，发现问题及时上报，由专业电工进行处理； （2）做好个人防护	各科室及岗位人员	水环境监测中心
		火灾	在易燃物品附近吸烟或使用明火	3	3	15	135	一般	遵守规章制度，严禁在实验室吸烟	各地市州水文局	水环境监测中心
仪器检测	气瓶管理	容器爆炸	搬运气瓶时，将气瓶直接在地上滚动或将气瓶作为滚动支架	3	3	15	135	一般	轻装轻卸，严禁横倒在地上滚动气瓶，不得将气瓶作为滚动支架	各地市州水文局	水环境监测中心
		火灾	气瓶瓶体、减压阀、橡胶管黏有油污	1	3	15	45	低	（1）及时清洗清理； （2）避免撞击瓶体或在瓶体上产生静电	各科室及岗位人员	水环境监测中心
			乙炔瓶未安装回火防止器	3	3	15	135	一般	（1）加装回火防止器； （2）在气瓶上设置防止倒灌的装置，如单向阀、止回阀等	各地市州水文局	水环境监测中心
		其他伤害	由不具备气瓶充装资质的单位进行气瓶充装	1	3	7	21	低	（1）由具备下列条件的气瓶充装单位进行充装； （2）具有营业执照； （3）有适应气瓶充装和安全管理需要的技术人员和特种设备作业人员，具有与充装的气体种类相适应的完好的充装设施； （4）具有一定的气体储存能力和足够数量的自有产权气瓶； （5）符合相应气瓶充装站安全技术规范及国家标准的要求	各科室及岗位人员	水环境监测中心
			气瓶应报废未进行报废	1	3	7	21	低	当发现气瓶应报废时予以报废，严禁使用报废的气瓶	各科室及岗位人员	水环境监测中心

表 4-10 采样人员岗位安全风险管控清单（部分）

项目	危险源	风险类别	危害因素	L/L	E	C/S	D/R	风险等级	控制措施	管控层级	管控部门
水质取样作业	取样途中	车辆伤害	车辆存在缺陷，如：刹车失灵等	1	3	40	120	一般	督促司机做好开车前的检查工作	各地市州水文局	水环境监测中心
			驾驶员疲劳驾驶、酒后驾驶	1	3	40	120	一般	查看驾驶员的精神状态，禁止疲劳或喝酒的驾驶员开车	各地市州水文局	水环境监测中心
			道路存在风险，如：山区危险边坡路段等	0.5	3	40	60	低	行驶过程中督促驾驶员减速慢行、谨慎驾驶	各科室及岗位人员	水环境监测中心
	水质取样	淹溺	作业人员不慎落水	1	3	15	45	低	（1）取样时应小心谨慎； （2）穿戴救生衣等防护用品	各科室及岗位人员	水环境监测中心
			取样作业过程中突然涨水	1	3	15	45	低	（1）临水施工派专人观察水位情况； （2）临水作业人员穿戴救生衣	各科室及岗位人员	水环境监测中心
			作业人员未正确穿戴救生衣	1	3	15	45	低	作业过程中穿戴救生衣等防护用品	各科室及岗位人员	水环境监测中心
			取样河水水流较湍急	1	3	15	45	低	（1）作业谨慎； （2）作业过程中穿戴救生衣等防护用品	各科室及岗位人员	水环境监测中心
		物体打击	取样场所随意扔物件	3	3	7	63	低	（1）作业过程中严禁随手乱扔材料； （2）随身携带工具包	各科室及岗位人员	水环境监测中心
			未穿戴劳动防护用品	1	3	7	21	低	正确穿戴并有效使用劳动防护用品	各科室及岗位人员	水环境监测中心
		中毒和窒息	取样作业过程中接触放射性、毒性物质	1	3	15	45	低	（1）事先了解取样地点情况，做好预防措施； （2）远离放射性、毒性物质，正确有效地使用劳动防护用品，如防放射性服、防放射性手套等	各科室及岗位人员	水环境监测中心
		其他伤害	高温季节，未发放必要的防暑降温药品、饮品	3	3	1	9	低	要求单位购买并发放防暑降温药品	各科室及岗位人员	水环境监测中心
			高温季节露天作业时间过长	6	3	1	18	低	（1）调整作业时间，避免高温时段作业； （2）饮用防暑降温药品、饮品	各科室及岗位人员	水环境监测中心
			野外蛇虫鸟兽造成伤害	3	3	1	9	低	提前熟悉环境、小心谨慎，亦可提前涂抹驱虫用品	各科室及岗位人员	水环境监测中心

表 4-11　　执法队员岗位安全风险管控清单（部分）

项目	危险源	风险类别	危害因素	L/L	E	C/S	D/R	风险等级	控制措施	管控层级	管控部门
采砂执法作业	采砂执法作业	淹溺	船员未持证上岗	1	1	40	40	低	乘坐经培训合格、持有相应的适任证书证件的船员驾驶的船只	各科室及岗位人员	砂管基地
			船员不熟悉水性，水上自救能力不足	1	1	40	40	低	作业前确保船员应熟悉水性，掌握水上自救技能	各科室及岗位人员	砂管基地
			作业人员未穿戴防护用品	1	1	40	40	低	作业前穿戴救生衣、防护鞋等防护用品	各科室及岗位人员	砂管基地
			作业前未对船只进行检查	1	1	40	40	低	作业前督促船员认真检查执法船只，确保安全	各科室及岗位人员	砂管基地
			作业时未采用安全航速航行	3	1	40	120	一般	（1）提醒船员根据作业环境，按照规定的航速航行； （2）做好个人防护	各地市州水文局	砂管基地
			作业水域产生大漩涡，打翻船只	3	1	40	120	一般	（1）作业前事先了解天气及水域状况，作业过程中保持谨慎，尽量避开； （2）必须穿戴救生衣等防护用品	各地市州水文局	砂管基地
			船舶积水未及时抽排或抽水泵损坏	3	1	40	120	一般	提醒船员加强作业前的检查	各地市州水文局	砂管基地
		其他伤害	非法采砂人员不服从管理	6	1	3	18	低	定期对采砂人员开展集中执法宣传学习	各科室及岗位人员	砂管基地
			高温季节，未发放必要的防暑降温药品、饮品	3	1	1	3	低	要求单位购买并发放防暑降温药品	各科室及岗位人员	砂管基地
			高温季节露天作业时间过长	6	1	1	6	低	（1）调整作业时间，避免高温时段作业； （2）饮用防暑降温药品、饮品	各科室及岗位人员	砂管基地

第四节　隐患排查标准

一、编制背景

2016年10月，国务院安全生产委员会办公室发布了《国务院安委会办公室关于实施遏制重特大事故工作指南构建双重预防机制的意见》，要求："建立完善隐患排查治理制度，制定符合实际的隐患排查治理清单，明确和细化隐患排查的事项、内容和频次，并将责任注意分解落实，推动全员参与自主排查隐患。"

2017年11月，水利部印发了《关于进一步加强水利生产安全事故隐患排查治理工作的意见》，提出："水利生产经营单位应从物的不安全状态、人的不安全行为和管理上的缺陷等方面，明确事故隐患排查事项和具体内容，编制事故隐患排查清单，组织安全生产管理人员、工程技术人员和其他相关人员排查事故隐患。事故隐患排查应坚持日常排查与定期排查相结合，专业排查与综合检查相结合，突出重点部位、关键环节、重要时段，排查必须全面彻底，不留盲区和死角。"

2019年12月，水利部印发了《水利部办公厅关于印发水利行业安全生产集中整治实施方案的通知》，方案提出："坚决整治生产经营单位隐患排查不全面不深入扎实。建立健全安全生产风险隐患和突出问题自查自纠长效机制，严防各类生产安全事故发生，坚决防范重特大事故，确保水利行业安全生产形势持续稳定，为水利改革发展创新创造良好的环境。"

因此，通过隐患排查标准的建立，开展隐患自查自改自报，是构建安全风险分级管控和隐患排查治理双重预防工作机制的重要内容，是生产经营单位开展隐患自查自改自报工作的重点和关键点，更是难点和薄弱点。生产经营单位有了既符合法律法规规章标准、又符合自身实际的完善的隐患排查标准清单，隐患排查治理"查什么，怎么查，谁来查"等问题迎刃而解。

二、主要内容

根据安全风险辨识内容、管控措施要求及法规、标准要求，并结合其他行业和企业安全生产管理先进经验，充分考虑水文安全生产管理的特点，编制了一套涵盖全面的隐患排查标准（图4-4）。隐患排查标准针对安全基础管理、作业活动、设备设施、生产办公场所等不同检查项目进行划分。开展隐患排查时，根据实际需要，在建立的隐患排查标准中选择适用的隐患排查表即可进行隐患排查工作。

（一）大纲

各级水文单位隐患排查标准按基础管理、机关办公生活场所、水文站所、水环境监测中心、砂管基地5个方面划分。大纲如下。

1. 基础管理

（1）安全目标管理。

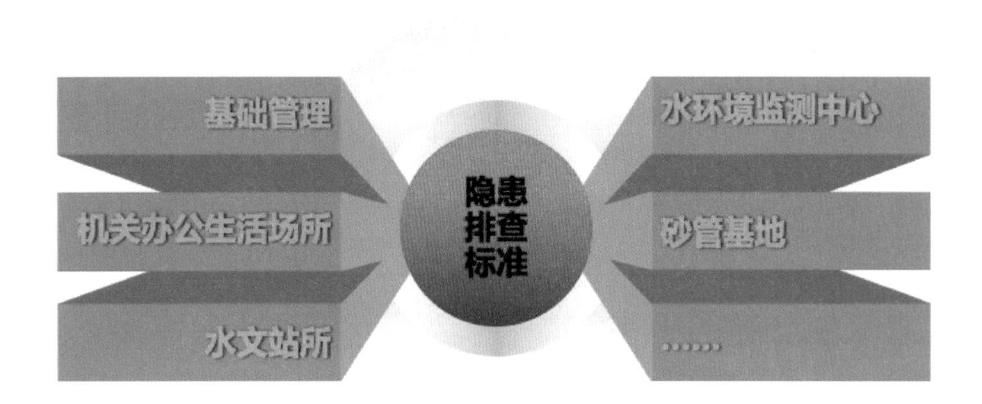

图4-4 隐患排查标准内容

(2) 安全生产职责落实。

(3) 安全文化建设。

(4) 制度化管理(法规标准识别、规章制度、操作规程)。

(5) 安全教育培训。

(6) 职业健康管理。

(7) 安全风险管理。

(8) 隐患排查治理。

(9) 应急管理。

2. 机关办公生活场所

(1) 通用部分。

(2) 机关办公区。

(3) 生活区。

3. 水文站所

(1) 场所环境。

(2) 作业活动。

4. 水环境监测中心

(1) 场所环境。

(2) 作业活动。

5. 砂管基地

(1) 场所环境。

(2) 作业活动。

(二) 隐患排查标准重点内容介绍

1. 水文站所隐患排查标准

水文站所隐患排查标准见表4-12。

表 4-12　水文站所隐患排查标准

序号	隐患描述	隐患整改要求	备注
（一）场所环境			
1	办公生活区疏散通道被占用	及时进行清理，疏散通道不应被占用；疏散走道上不应安装栅栏、卷帘门	
2	办公生活区安全出口上锁、遮挡或者将消防安全疏散指示标志遮挡、覆盖	及时进行处理，确保安全出口、疏散标志正常可用	
3	办公生活区灭火器配备不足，或灭火器失效	灭火器应配置充足，定期检查灭火器，确保正常可用	
4	无证人员进行电气线路敷设、安装、维修	电气线路敷设、电气设备安装和维修应由具备职业资格的电工操作	
5	办公生活区私接用电设备	不得随意乱接电线，擅自增加用电设备	
6	办公生活区电气设备未与可燃物保持安全间距	电气设备周围应与可燃物保持 0.5m 以上的间距	
7	电气线路、设备长时间超负荷运行	对电气线路、设备应定期检查、检测，严禁长时间超负荷运行	
8	办公生活区存在违规用火、用电情况	办公区、生活区应无违规用火、用电情况	
9	厨房燃气管道未定期检查保养	厨房燃气管道应经常检查、检测和保养	
10	配电室电缆沟进、出口洞，通气孔等无防止小动物钻入和雨、雪飘进的措施	配电室，电缆沟进、出口洞，通气孔等应有防止小动物钻入和雨、雪飘入室内的措施	
11	落地式配电箱底部未抬高，底座周围未封闭	落地式配电箱的底部宜抬高，高出地面的高度室内不应低于 50mm，室外不应低于 200mm；其底座周围应采取封闭措施，并应能防止鼠、蛇类等小动物进入箱内	
12	配电室电缆防火封堵的材料，未按耐火等级要求进行选择使用	电缆防火封堵的材料，应按耐火等级要求，采用防火胶泥、耐火隔板、填料阻火包或防火帽	
13	配电室内电缆沟无排水措施，沟内有积水	电缆沟应有排水措施，沟内不应有积水；配电室地面宜高出本层地面 50mm 或设置防水门槛	
14	柴油发电机房内未设置消防器材	机房内应有可靠的消防灭火装置	
15	柴油发电机房内存放有易燃品	汽油、煤油等易燃品严禁存放在机房内	
16	柴油发电机房储存有过量的柴油	机房内存放柴油时，应设置储油间，总储存量不应超过 $1m^3$，储油间与发电机房应采用防火墙分隔	

续表

序号	隐患描述	隐患整改要求	备注
（二）作业活动			
1	绞车无隔离保护措施	绞车外露的传动部件应装设防护罩，以保证安全	
2	缆道无防雷设施或防雷不符合要求	采用非绝缘缆道架设方式，其塔柱、主索、副索、工作索等要求防雷等电位接地，接地电阻不大于10Ω；选用绝缘缆道架设方式的测站，宜在缆道的顶部上方1～3m处架设一条避雷线接地，接地电阻不大于10Ω；缆道两岸的塔架（柱）及主、副索拉锚均应设置防雷接地装置	
3	缆道房无防雷设施或防雷不符合要求	缆道房顶应设置避雷带，避雷带应沿屋角、屋脊、屋檐和檐角等易受雷击的部位敷设	
4	缆道钢丝绳养护涂油次数不符合要求	主索、主索与锚碇接头部分应每年1次，工作索每年不应少于2次，经常入水部分应增加次数，其他钢丝绳每年不应少于1次	
5	缆道主索、工作索达到报废条件时未及时进行报废	发现缆道主索、工作索出现下列情况时应予以报废：①钢丝绳每一年搓绕节距（钢丝绳拧一周的长度）长度内，断丝根数顺捻超过5%，交捻超过10%时；②钢丝索中有一股折断时；③钢丝索疲劳现象严重，使用时断丝数目增加很快时；④使用达到一定的年限时	
6	缆道塔架（柱）、地锚出现松动、倾斜未及时处理	定期对塔架（柱）、地锚松动倾斜沉降进行校测，发现问题及时处理	
7	绞车无自锁装置	绞车应设置自锁装置	
8	缆道塔架（柱）未设置爬梯	缆道塔架（柱）应设置爬梯（楼梯），爬梯（楼梯）距离地面高度不应低于1.8m；当塔架（柱）高度大于等于10m时，爬梯（楼梯）应设防坠保护装置	
9	水文缆道运行时，有无关人员在塔架和悬索下逗留	除必需的工作人员外，水文缆道运行时，塔架和悬索下禁止站人	
10	通航河流或跨公路的水文缆道上，未设置安全警示标志	通航河流或跨公路的水文缆道，应在铅鱼悬索上吊挂警示标志	
11	使用水文缆道渡人或渡物，水文缆道超负荷运行	不得使用水文缆道渡人、渡物或进行与水文监测无关的操作，不得超负荷运行	
12	缆道维护保养时，高空作业人员未穿戴好劳动防护用品	高空作业应系安全带、戴安全帽，作业人员应注意缆索下的行人、船只、漂浮物等	

续表

序号	隐患描述	隐患整改要求	备注
（二）作业活动			
13	桥上测流时，未设置安全警示标志	桥上测流作业时，应在桥两端设有安全警示标志	
14	进入沉沙池前未进行通风或有害气体检测	必须进行通风换气，根据实际情况测定氧气、有害气体、可燃气体的浓度，符合安全要求后，方可进入	
15	沉沙池清淤作业未履行申报手续	进行高危作业应履行申报手续，填写“进入有限空间危险作业安全审批表”，经审核批准后方可作业	
16	沉沙池清淤作业前，未确认安全并制定事故应急救援预案	在每次沉沙池清淤作业前，必须确认其符合安全并制定事故应急救援预案	
17	沉沙池清淤作业无监护人员或监护人员擅离职守	监护人员不得离开作业现场，应时刻注意下井人员的安危，并注意测井的通风	
18	沉沙池清淤作业现场未设置安全警示标志	应在沉沙池进入口附近设置醒目的安全警示标志	
19	电力设施、电气设备的安装维修人员未持证上岗	水文监测所涉及的电力设施、电气设备的安装维修应由取得电工资格的专业人员操作	
20	电气作业人员未配备绝缘手套、绝缘鞋等绝缘工器具	应配备绝缘手套等绝缘工器具，电气作业时应正确佩戴使用	
21	水位观测井井口未封闭	测井井口应封闭，防止人员坠落	
22	临水作业时，未穿救生衣或采取防护措施	临水作业时，应穿救生衣，作业面应采取有效的防滑措施	
23	水文监测所用的车辆、船只未定期进行维护保养、检测、检定	应根据交通安全法律法规，定期对车辆、船只进行维护保养、检测、检定，保持车辆、船只处在适合驾驶、航行状态	
24	水文勘测途中，驾驶员超速行驶	加强驾驶员安全教育，在规定的速度范围内驾驶，在野外勘测时应减速慢行	
25	水位勘测中，驾驶员存在疲劳驾驶、酒后驾驶	加强驾驶员安全教育，严禁违规行驶，严格遵守交通规定	
26	野外作业人员未配备必要的安全防护用具和技术装备	从事水文观测、勘测等野外作业人员应配备必要的安全防护用具和技术装备	
27	勘测作业、设备设施维护保养使用梯子时，梯子未固定或使用不合格的梯子	使用梯子时应做好安全措施，梯子应放在稳固的物体上使用，梯子的下端应使用防滑套，禁止使用不合格的梯子	
28	野外勘测前，未对驾驶车辆进行检查或驾驶员未接受交通安全培训	车辆行驶前应测试车辆性能，并对驾驶员进行交通安全培训	

2. 水环境监测中心隐患排查标准

水环境监测中心隐患排查标准见表 4 - 13。

表 4 - 13　　水环境监测中心隐患排查标准

序号	隐患描述	隐患整改要求	备注
（一）场所环境			
1	过道、走廊、楼梯等安全出口堆放杂物	过道、走廊、楼梯等安全出口应保持畅通，不应堆放任何材料和杂物堵塞消防通道	
2	安全出口上锁、遮挡或者将消防安全疏散指示标志遮挡、覆盖	及时进行处理，确保安全出口、疏散标志正常可用	
3	安全出口、疏散通道及重点部位未设置应急照明灯	安全出口、疏散通道及重点部位置应设应急照明灯，且照明连续供电时间不应少于 0.5h	
4	灭火器配备不足，或灭火器失效	灭火器应配置充足，定期检查灭火器，确保正常可用	
5	灭火器被遮挡，影响使用或者被挪作他用的	及时处理，灭火器材不应被遮挡和挪作他用	
6	无证人员进行电气线路敷设、安装、维修	电气线路敷设、电气设备安装和维修应由具备职业资格的电工操作	
7	办公室私接用电设备	不得随意乱接电线，擅自增加用电设备	
8	电气设备未与可燃物保持安全间距	电气设备周围应与可燃物保持 0.5m 以上的间距	
9	电气线路、设备长时间超负荷运行	对电气线路、设备应定期检查、检测，严禁长时间超负荷运行	
10	办公区存在违规用火、用电情况	办公区应无违规用火、用电情况	
11	实验室、药品库等场所未配备相应类型的灭火器材	办公室、实验室、药品库及任何使用可燃液体或者火源的场所都应配备相应类型的灭火器材	
12	实验室未配备应急医药箱	实验室应配备应急医药箱，以及供划伤、擦伤和烧伤的包扎药物	
13	剧毒物品存放不符合要求，未实行双人双锁共同管理	剧毒物品应存放在保险柜或有号码锁的铁皮柜内，双人双锁共同管理	
14	冲洗眼部设施离实验室过远，使用不方便	应安放在实验室内工作人员使用方便且显著的位置	
15	实验室未配备安全挡板	每个实验室应配备一块以上的安全挡板，在使用蒸馏、加压和真空等装置时，应使用安全挡板遮挡，防止发生意外时飞溅伤人	

续表

序号	隐患描述	隐患整改要求	备注
（二）作业活动			
1	野外作业未安排两人以上同时进行	野外作业应安排两人以上同时进行	
2	河流涉水采样前未对水深进行探测	采样前应用探深杆对水深进行探测，水深到大腿处时不许涉水采样	
3	水流较急时，涉水采样人员未采取防护措施	水流较急时，应在河岸一坚固的物体上系一根安全绳，并穿一套经安全检查的救生衣	
4	在桥上采样干扰到交通时，未设置警示标志	在桥上采样时，应在人行道上作业，防止发生事故，如果采样作业干扰交通，应提前与地方交通部门协商，在桥上设置“有人作业”显示标志	
5	船上采样时，采样船未悬挂信号旗	在船上采样必须有两个人以上，采样过程中船要悬挂信号旗，以示采样工作正在进行中，防止商船和捕捞船只靠近	
6	自行划船采样人员未经过专门培训	采样人员自行划船采样，必须经过专门培训，熟悉水性，并按照水中安全规则和规定作业	
7	在较小河流中用橡皮船采样时，未做好安全防护措施	在较小河流中用橡皮船采样时，应有安全绳系在河岸坚固的物体上，船上还须有人拉绳随时做好保护	
8	在大面积水体上采样时，未穿戴防护用品	在大面积水体上采样时，应穿救生衣或戴救生圈	
9	利用酸或碱保存水样时，未穿戴防护用品	利用酸或碱保存水样时，应戴上手套、保护镜、穿上实验服小心操作，避免烟雾吸入或直接与皮肤、眼睛及衣服接触	
10	分装或使用完化学品后未将容器盖盖紧	分装或使用完化学品后应立即将容器盖盖紧，防止倾覆、挥发、散落、吸潮等	
11	无标签、标签有误、过期、变质等化学品或溶液，未及时处理	无标签、过期、变质等化学品或溶液，一经发现应按废品处理	
12	实验室工作人员未穿戴安全防护用品，不熟悉各种化学品安全防范知识	实验室工作人员应熟悉各种化学品的接触途径和安全防范知识，工作时应穿工作服并佩戴防护手套，防止化学品通过皮肤进入体内	
13	当用水稀释浓硫酸时，向浓硫酸中加水	当用水稀释浓硫酸时，应缓慢地将浓硫酸倒入水中，并加以搅拌，不应向浓硫酸中加水	
14	实验室工作人员直接闻危险化学品或用嘴吸移液管	严格遵守操作规程，不应出现直接闻危险化学品以及用嘴吸移液管等操作	
15	取用药品时，将头伸入通风橱中操作	不应将头伸入通风橱中操作	

续表

序号	隐患描述	隐患整改要求	备注
（二）作业活动			
16	使用腐蚀性物质时，未正确使用防护用品	使用腐蚀性物质时，应正确使用防护眼罩、橡胶手套、面罩、橡胶围裙、橡胶鞋	
17	经常使用腐蚀性物质处未备应急药品及喷淋水龙头	经常使用腐蚀性物质处应备有常用应急药品及喷淋水龙头	
18	实验室废气未经处理直接排出室外	实验室废气可通过装有废气处理的排风设备处理后排出室外	
19	实验室废液使用玻璃器具长期存放	废液应使用密闭式容器收集贮存，不应使用玻璃器具、烧杯、长颈瓶等长期存放	
20	将互为禁忌的化学物质混装于同一废物回收器内	不应将互为禁忌的化学物质混装于同一废物回收器内，废液可按以下类别分开存放：①有机废液（卤素类）；②有机废液（非卤素类）；③汞、氰、砷类废液；④无机酸及一般无机盐类废液；⑤碱类及一般无机盐类废液；⑥重金属类废液	
21	废液未经处理直接排入下水道	废液应适当处理，pH 值在 6.5～8.5 之间，且不存在可燃、腐蚀、有毒和放射性等危害时，可排入下水道	
22	放射性废物与一般实验室废弃物混于仪器存放	放射性废物应单独收集存放，不应混于一般实验室废弃物中	
23	实验中煮沸、烘干、蒸发未在通风橱中进行操作	实验中煮沸、烘干、蒸发均应在通风橱中进行，防止化学品由呼吸系统进入体内	
24	实验室无人工作时，除需连续供电的仪器设备外，未及时断电、水、气源	实验室无人工作时，除恒温实验室、培养箱和冰箱等需连续供电的仪器设备外，应切断电、水、气源，关好门窗，确保安全	
25	气瓶未贮存在专用气瓶间中，或气瓶贮存环境不符合要求	气瓶应贮存在专用气瓶间或气瓶柜中；远离热源、火种，防止日光暴晒，气瓶周围不应堆放任何可燃物品	
26	气瓶在使用过程中未竖直摆放或固定	气瓶在使用过程中应竖直摆放并加以固定	
27	搬运气瓶时，用手执开关阀移动或横倒在地上滚动	搬运气瓶时，可用特制的担架或小推车，也可用手平抬或垂直转动，但不应用手执开关阀移动；应轻装轻卸，严禁碰撞、抛掷或横倒在地上滚动	
28	气瓶未按规定进行检验或超过使用年限未及时报废	气瓶应按规定进行检验，各类气瓶检验周期按照《气瓶安全技术监察规程》（TSG R0006—2014）执行，气瓶使用期超过其设计使用年限时应当报废	
29	气瓶安全附件缺失	瓶阀应有防护罩（如气瓶佩带瓶帽，瓶帽必须有泄气孔）；气瓶上应装有回火防止器；气瓶上应佩带两个防振圈	

3. 砂管基地隐患排查标准

砂管基地隐患排查标准见表 4－14。

表 4－14　砂管基地隐患排查标准

序号	隐患描述	隐患整改要求	备注
（一）场所环境			
1	船舶的相关证件资料不全	船舶应具备下列条件：①经海事管理机构认可的船舶检验机构依法检验并持有合格的船舶检验证书；②经海事管理机构依法登记并持有船舶登记证书；③配备符合交通主管部门规定的船员；④配备必要的航行资料	
2	趸船的相关证件资料不全	趸船应具备下列条件：①经海事管理机构认可的船舶检验机构依法检验并持有合格的检验证书；②经海事管理机构依法登记并持有登记证书；③配备符合交通主管部门规定的掌握水上交通安全技能的船员	
3	趸船系泊设施不牢固未及时处理	及时进行处理，并应加强日常安全检查，确保趸船系泊牢固	
4	趸船上无防撞缓冲设施或防撞缓冲设施损坏	趸船上应有专用防撞缓冲设施，如有损坏及时更换	
5	船舶停泊时，无船员值班	船舶停泊，应当留有足以保证船舶安全的船员值班	
6	枯枝树木堆积在钢缆绳上未及时清理	树木枯枝的堆积给趸船船体和钢丝绳的承重带来较大影响，应及时进行清理	
7	趸船跳板不稳固，临水面无安全防护设施	跳板应系牢固，两侧应有防护栏杆、安全网等设施，确保人员上下安全	
8	雨雪天气或严寒季节，趸船跳板未做防滑处理	雨雪天气或严寒季节，跳板湿滑，应做好防滑措施	
9	船舷边无安全防护装置	船舷四周应装设安全防护装置	
10	趸船缆索磨损超过允许标准的情况，或钢丝绳出现扭绕，未及时更换	趸船缆索磨损超过允许标准的必须更换，钢丝绳不准有结节、扭绕现象	
11	未配备救生设备和专门管理人员	配备必要的救生设备和专门管理人员	
12	趸船安全通道堵塞	及时进行清理，确保安全通道畅通	
13	灭火器配备不足，或灭火器失效	灭火器应配置充足，定期检查灭火器，确保正常可用	
14	趸船电气线路、设备长时间超负荷运行	对电气线路、设备应定期检查、检测，严禁长时间超负荷运行	

续表

序号	隐 患 描 述	隐患整改要求	备注
（一）场所环境			
15	趸船办公生活区存在违规用火、用电情况	办公区、生活区应无违规用火、用电情况	
16	趸船厨房燃气管道未定期检查保养	厨房燃气管道应经常检查、检测和保养	
17	趸船私接用电设备	不得随意乱接电线，擅自增加用电设备	
18	趸船电气设备未与可燃物保持安全间距	电气设备周围应与可燃物保持 0.5m 以上的间距	
19	船舶堵漏器材配备不齐全	应按规定，配备堵漏所需工具和材料，并定期检查，及时补充，确保堵漏器材完好	
20	未定期对趸船和执法船进行维护保养	应加强对船舶的日常维护保养工作，维护保养的范围包括船体、甲板、舱室、主机、电气设备及其他船舶设备	
21	趸船附近水域未设置安全警示标志	临水处应按照《安全标志及其使用导则》的要求，设置“当心落水”“禁止游泳”“注意安全”“必须穿戴救生衣”等安全警示标志，并定期检查维护	
（二）作业活动			
1	船员未持证上岗，或聘用无适任证书的人员担任船员	船员应经水上交通安全专业培训，经海事管理机构考试合格，取得相应的适任证书证件，方可担任船员职务	
2	船员不熟悉水性，水上自救能力不足	船员应熟悉水性，掌握水上自救技能	
3	执法船在航行时，未采用安全航速航行	船舶安全航速应当根据能见度、通航密度、船舶操纵性能和风、浪、水流、航路状况以及周围环境等主要因素决定，船舶在限制航速的区域和汛期高水位期间，按照海事管理机构规定的航速航行	
4	船舶识别系统和通信导航设备不能正常使用	及时进行校验维修，确保船舶识别系统和通信导航设备正常使用	
5	执法船积水未及时抽排或抽水泵损坏	更换新的抽水泵，并对积水进行抽排	
6	执法人员未对执法船上的救生衣进行质量检查和有效期检验	执法人员应对船上救生衣的有效期进行定期检查，并送到指定的检验中心确保在有效期内；在执法前，执法人员还应对救生衣的排扣、救生衣灯等部件的质量进行检查，确保质量合格	
7	执法人员执法作业时未穿救生衣	执法人员执法作业时必须穿救生衣	
8	系解缆作业、甲板作业等临水作业人员未穿戴防护用品	系解缆作业、甲板作业等临水作业人员应穿戴救生衣、防滑鞋等防护用品	

续表

序号	隐患描述	隐患整改要求	备注
（二）作业活动			
9	执法船夜间航行，未采用安全航速航行	根据夜间能见度、船舶操纵性能和航路状况以及周围环境等主要因素决定，严格按照海事管理机构规定的航速航行	
10	夜间执法时，执法船照明不足、导航及雷达系统出现故障	夜间执法前，首先对执法船的照明、导航及雷达系统进行检查，确保性能良好	

（三）隐患排查标准使用要求

各级水文单位在开展各种隐患排查工作时，应充分利用排查治理标准组织排查。

各单位在开展日常检查时，可选用适合的隐患排查标准组织日常隐患排查，并按《安全检查及事故隐患排查治理制度》的要求每月底进行上报。在接受上级单位隐患排查的同时，可自行适用相应排查标准内容对照检查并向排查责任单位上报排查情况。

各单位（科室）在开展节假日前安全检查时，主要检查内容包括消防、用电等，隐患排查责任单位（科室）可在适用隐患排查标准中抽取消防、用电等内容进行排查。如要对机关和水环境监测中心组织节假日检查，可从“机关办公生活场所”“水环境监测中心”两部分隐患排查标准中抽取各自消防、用电的内容进行检查。

水环境监测中心组织危险化学品专项检查时，可从“水环境监测中心”隐患排查标准中抽取危险化学品管理方面的内容组织检查。砂管基地在汛期开展安全检查时，由于在汛期砂管基地安全检查重点在于趸船的系泊设施、救生设施等，因此可在“砂管基地”隐患排查标准中抽取趸船方面的内容进行检查。

第五章

安全管理体系之应用性文件

第一节　安全管理制度应用

一、安全生产记录表格

在安全管理过程中痕迹管理非常重要，而做好痕迹管理，就必然会使用各种记录表格。科学、规范的安全记录表格更有利于做好安全痕迹管理，更有利于在安全管理上事半功倍。单位开展安全管理工作中需要落实各项安全管理制度，将安全管理制度中记录表格应用到实际的日常安全管理工作中，并形成较为规范的各类目安全管理档案。

安全生产记录表格具体如下：

《安全生产费用使用台账》

《安全教育培训记录》

《培训签到表》

《安全教育培训效果评估表》

《事故报告表》

《水利生产安全事故月报表》

《隐患整改通知单》

《隐患整改回执单》

《事故隐患汇总登记台账》

《隐患统计分析表》

《动土作业票》

《高处作业票》

《临近带电体作业票》

《起重吊装作业票》

《文件制（修）订申请单》

《文件制（修）订记录表》

《记录清单》

《记录销毁申请表》

《劳动防护用品登记台账》
《废弃物处理记录表》
《安全生产协议》
《相关方资质能力验证记录》
《相关方“三类人员”验证资料记录》
《相关方特种作业人员验证资料记录》
《相关方作业活动过程安全监督记录》
《化学试剂管理台账》
《剧毒化学药品领用登记表》
《化学试剂使用记录表》

二、重点记录表使用要求及填写说明

如在水文基础设施建设中，各单位需要落实对相关方的监督管理职责，做好相关方作业活动过程安全监督记录；在危险化学品废弃物处理上落实危险化学品废弃物处理制度，做好废液处理相关记录；落实隐患排查工作制度要求，完成隐患整改闭环工作，形成隐患管理档案文件等。

（一）安全教育培训记录

安全教育培训记录表见表 5－1。

表 5－1 安全教育培训记录表

培训时间		培训讲师	
培训地点		培训对象	
培训主题			
培训目的			
培训内容			
培训总结与考核情况			

使用要求：安全教育培训组织单位应根据安全教育培训开展情况如实填写该记录。
填写说明：根据安全教育培训开展情况，填写相关内容。
填写示例如图 5－1 所示。

安全教育培训记录

培训时间	2021年11月3日	主讲教师	厅监督处李光化处长
培训地点	武汉市纽赛尔酒店	培训对象	机关、所属单位安全监管人员
培训主题	水利安全生产管理新课题		
培训目的	加强湖北水利安全生产工作，提高安全管理人员的能力水平，强化安全生产理念，推动全省水利安全生产平稳发展。		
培训内容	一、安全生产管理理念 1. 政府（国家及行业）安全生产监管理念 2. 生产经营单位安全生产管理理念 二、安全生产责任 1. 首要责任、主体责任与监管责任 2. 安全监管责任 理念方面，决不能碰安全生产红线，坚决守住安全生产底线。责任方面，只有履职才能免责，只有安全资料才能证明履职，所以安全资料是风险规避最重要的手段。		
培训总结与考核情况	李处长的授课针对性强，内容丰富，条理明晰，深入浅出，收到较好效果。		

记录人：李伟

图5－1　安全教育培训记录填写示例

（二）安全教育培训效果评估表

安全教育培训效果评估见表5－2。

表5－2　　安全教育培训效果评估表

部　　门		培训时间		
地　　点		培训方式		
培训课时		授课老师		
培训内容				
1. 是否有对学员进行书面考核	□是		□否	
2. 学员培训中有无迟到、早退现象	□有		□无	
3. 培训中学员的态度	□非常满意	□满意	□一般	□差
4. 培训中学员的互动情况	□非常满意	□满意	□一般	□差
5. 学员对培训项目的反映情况	□非常满意	□满意	□一般	□差
6. 学员是否学习到培训中所学的技能	□是	□否	□其他	
7. 学员工作技能是否有所提高	□是	□否	□其他	

续表

8. 学员技能提高与培训是否有关		□是	□否	□其他
9. 学员工作是否有创新		□是	□否	□其他
10. 结合培训目标，是否达到培训期望得到的效果		□是	□否	□其他
评估人 综合评价				
改进建议				

使用要求：安全教育培训组织单位应在安全教育培训结束后，针对安全培训过程中的讲师授课情况、学员听讲情况、培训气氛等方面如实填写该记录。

填写说明：1～10 应根据安全培训实际情况进行勾选，并对培训效果进行评价，提出改进建议。

填写示例如图 5-2 所示。

安全教育培训效果评估表

部门/单位	省中心建安处	培训时间	2021 11.2～11.3日	
地点	武汉纽宾凯酒店	培训方式	集中授课	
培训课时	一天	授课老师	厅省管处李光化处长 厚省安监局一级巡视员 [illegible]	
培训内容	《水利安全生产监管新课题》，《人民至上，生命至上》			
1、是否有对学员进行书面考核	□是		☑否	
2、学员培训中的有无迟到、早退现象	□有		☑无	
3、培训中学员的态度	☑非常满意	□满意	□一般	□差
4、培训中学员的互动情况	☑非常满意	□满意	□一般	□差
5、学员对培训项目的反映情况	☑非常满意	□满意	□一般	□差
6、学员是否学习到培训中所学的技能	☑是	□否	□其它	
7、学员工作技能是否有所提高	☑是	□否	□其它	
8、学员技能提高与培训是否有关	☑是	□否	□其它	
9、学员工作是否有创新	☑是	□否	□其它	
10、结合培训目标是否达到培训期望得到的效果	☑是	□否	□其它	
评估人 综合评价	李处长和刘局长根据中心[illegible]要求进行了[illegible]和解读[illegible]方面的内容，主题鲜明，内容[illegible]，效果明显，达到预期效果。（印章：建设与安监处）			
改进建议	因培训时间有限，有部分内容讲解过快，学员表示下次再进行深入学习。			

图 5-2 安全教育培训效果评估表填写示例

（三）相关方作业活动过程安全监督记录

相关方作业活动过程安全监督记录表见表5-3。

表5-3　　相关方作业活动过程安全监督记录表

<table>
<tr><td>相关方名称</td><td></td><td>作业区域</td><td></td></tr>
<tr><td>作业时间</td><td></td><td>作业人数</td><td></td></tr>
<tr><td>主要作业项目</td><td colspan="3">□水文基建项目　□检修作业　□设备维护保养
□设备安装调试及其辅助作业　□其他作业</td></tr>
<tr><td>涉及危险作业</td><td colspan="3">□高处作业　□动土作业
□动火作业　□起重吊装作业
□临近带电体作业　□其他危险作业　□无</td></tr>
<tr><td>涉及特种作业及特种设备操作</td><td colspan="3">□特种设备操作　□电工作业　□焊接、热切割作业
□法规规定的其他特种作业　□无</td></tr>
<tr><td>资质证书审查</td><td colspan="3">□营业执照、组织机构代码证、税务登记证　□安全生产许可证
□政府主管部门颁发的其他行政许可（资质证书）</td></tr>
<tr><td>作业证书审查</td><td colspan="3">□特种设备操作证书　□电工证
□电焊作业证书　□其他法规规定特种作业证书</td></tr>
<tr><td>监督地点</td><td></td><td>监督日期</td><td></td></tr>
<tr><td colspan="4">重要过程监督情况</td></tr>
<tr><td>人员和培训及持证上岗情况</td><td colspan="3">●作业前是否组织相关方人员进行教育培训？
□是　□否
●是否按照要求签订相关方安全生产协议及告知书？
□是　□否
●针对危险作业是否执行作业审批？
□是　□否
●特种作业人员是否持证上岗？
□是　□否
●说明：</td></tr>
<tr><td>作业前准备</td><td colspan="3">●是否制定了施工方案？
□是　□否
●是否对人员进行了技术交底？
□是　□否
●是否按照要求张贴（悬挂）警示标志？
□是　□否
●具有危险性的作业现场区域是否拉起警戒线？
□是　□否
●劳动防护是否配备到位？
□是　□否
●危险作业现场是否有专人监护？
□是　□否
●作业使用的设备设施、工器具是否存在隐患？
□是　□否
●现场其他防护措施是否到位？
□是　□否
●说明：</td></tr>
</table>

续表

作业过程	●相关方作业人员是否有违章作业行为？ □是 □否 ●相关方作业人员是否正确佩戴劳动防护用品？ □是 □否 ●两个以上作业单位在场交叉作业是否服从统一协调？ □是 □否 ●设备设施及工器具是否安全使用？ □是 □否 ●危险作业是否按作业审批要求进行？ □是 □否 ●作业用的工器具、材料、垃圾是否按照要求放置？ □是 □否 ●说明：
作业现场恢复	●作业完成后是否及时清理作业现场？ □是 □否 ●作业现场的电源、线路、设备设施、防护措施是否恢复？ □是 □否 ●说明：
结论	□满足要求 □基本满足要求 □不满足要求
监督人员签字	

使用要求：各相关责任科室应在相关方进场时对相关方的作业活动过程定期进行监督检查并填写该记录，如果发现隐患应按照《安全检查及事故隐患排查治理制度》要求相关方落实整改。

填写说明：根据相关方具体的作业活动，核实作业项目、危险作业以及资质证书等，从人员和培训及持证上岗情况、作业前准备、作业过程、作业现场恢复等四个方面逐条检查相关方现场管理情况，并勾选检查结果，监督检查人员签字。

（四）废弃物处理记录表

废弃物处理记录表见表5-4。

表5-4　　废弃物处理记录表

处理日期（年-月-日）	废弃物名称	处理量	处理方法	处理后清液检测	是否达标	处理人	监测室主任	备注

使用要求：实验室在进行废弃物处理时，严格按省水环境监测中心质量管理体系文件《实验室废弃物处理作业指导书》执行，并应填写《废弃物处理记录表》。

填写说明：在填写《废弃物处理记录表》时，严格对照表格中每项内容认真填写，处理人与监测室主任应及时签字。

(五) 隐患整改通知单、隐患整改回执单

隐患整改通知单、隐患整改回执单见表5-5、表5-6。

表5-5　　隐患整改通知单

<table>
<tr><td>被检查单位（科室）</td><td></td><td>检查时间</td><td></td></tr>
<tr><td>检查人员</td><td colspan="3"></td></tr>
<tr><td colspan="4">隐患内容：</td></tr>
<tr><td colspan="4">整改建议：</td></tr>
<tr><td colspan="4">整改时间：
年　月　日前完成整改，在此之前立即采取有效措施，确保安全。</td></tr>
<tr><td>检查负责人</td><td></td><td>整改负责人</td><td></td></tr>
</table>

表5-6　　隐患整改回执单

<table>
<tr><td>________：
于　年　月　日下发的《隐患整改通知单》所列整改项目：
已于　年　月　日整改完毕，请验收。
被检查单位（科室）（盖章）：　　负责人（签字）：
年　月　日</td></tr>
<tr><td>整改措施（包括预防措施、教育）：</td></tr>
<tr><td>验收人（签字）：　　年　月　日</td></tr>
</table>

使用要求：根据检查情况，及时向被检查站队（科室）下发整改通知单；被检查站队（科室）应认真研究制定整改方案，落实整改措施，尽快完成整改并填写隐患整改回执单，及时向隐患排查组织反馈整改落实情况。

填写说明：认真填写表格中每项内容，不得有漏项，不得代替签字，记录内容应与实际相符；隐患整改回执单后可附整改后的照片。

第二节　应急预案体系应用

一、应急处置卡

应急处置管理的重点在基层，对基层来说，现场处置方案清晰明了最重要。应急处置卡应当规定重点岗位、人员的应急处置程序和措施，以及相关联络人员和联系方式，便于从业人员携带。应急处置卡将复杂的应急预案与岗位安全操作要求进行有效融合衔接，通过简明扼要、便于理解记忆和实用的语言进行提炼概括，具有重点突出、易于操作、短时间内指出“怎么做、做什么、何时做、谁去做”等优点。单位可以把重点部位、关键装置（设施）、重要作业环节、值班人员的岗位人员作为重点岗位人员，从报告、现场处置措施、报警和注意事项 4 个方面进行编制。

针对安全风险较大的重点场所（设施），编制了重点场所（设施）应急处置卡，包括气瓶间应急处置卡、药品间应急处置卡、缆道钢塔支架底部应急处置卡、缆道驱动设备应急处置卡。

单位将应急处置卡塑封成小卡片，发放到每一个相关员工的手中或者张贴，重点岗位做到“一岗一卡、一人一卡”，并在重要位置张贴上墙。

二、应急演练记录

每年至少组织一次综合应急预案演练或专项应急预案演练，每半年至少组织一次现场处置方案演练，每次应急演练结束后，针对演练情况填写应急演练记录（表 5－7）。

表 5－7　　应急演练记录表

预案名称				演练地点	
组织部门		总指挥		演练时间	
参加部门和单位					
演练类别	□实际演练　□桌面演练 □提问讨论式演练 □全部预案　□部分预案			实际演练部分：	
物资准备和人员培训情况					
演练过程描述					
预案适宜性充分性评审	适宜性：□全部能够执行　□执行过程不够顺利　□明显不适宜 充分性：□完全满足应急要求　□基本满足需要完善　□不充分，必须修改				

续表

演练效果评估	人员到位情况	□迅速准确 □基本按时到位 □个别人员不到位 □重点部位人员不到位 □职责明确，操作熟练 □职责明确，操作不够熟练 □职责不明，操作不熟练
	物资到位情况	现场物资：□现场物资充分，全部有效 □现场准备不充分 □现场物资严重缺乏 个人防护：□全部人员防护到位 □个别人员防护不到位 □大部分人员防护不到位
	协调组织情况	整体组织：□准确、高效 □协调基本顺利，能满足要求 □效率低，有待改进 抢险组分工：□合理、高效 □基本合理，能完成任务 □效率低，没有完成任务
	实战效果评价	□达到预期目标 □基本达到目的，部分环节有待改进 □没有达到目标，须重新演练
	外部支援部门和协作有效性	报告上级：□报告及时□联系不上 消防部门：□按要求协作□行动迟缓 医疗救援部门：□按要求协作□行动迟缓 周边政府撤离配合：□按要求配合□不配合
存在问题和改进措施		

填写示例如图 5－3 所示。

湖北省水文水资源中心应急演练记录

演练名称	省中心机关 2021 年消防安全演练			演练地点	武汉市江夏区
组织部门	建安处	总指挥	伍朝晖	演练时间	2021 年 6 月 11 日 08：00-14：00
参加部门和单位	省中心机关所有处室				
演练类别	■实际演练 □桌面演练 □提问讨论式演练 □全部预案 □部分预案				现场逃生、灭火器使用、心肺复苏术等。
物资准备和人员培训情况	由湖北省楚消安消防知识宣传中心负责准备灭火器、消防水带、消防面具、安全绳、模拟逃生仓等装设备，对应急演练实施计划进行宣贯。				
演练过程描述	1.09：30 进行消防安全知识理论培训。 2.10：30 进行灭火演练、应急疏散逃生演练、穿越火场模拟演练。 3.12：40 进行高空结绳自救技巧、车辆事故逃生、心肺复苏术实操安全问题咨询解答。 4.01：30 现场应急小组组长宣布演练完毕，返程。				
预案适宜性充分性评审	适宜性：■全部能够执行 □执行过程不够顺利 □明显不适宜 充分性：□完全满足应急要求 ■基本满足 □不充分，必须修改				
演练效果评审 人员到位情况	□迅速准确 ■基本按时到位 □个别人员不到位 □重点部位人员不到位 ■职责明确，操作熟练 □职责明确，操作不够熟练 □职责不明，操作不熟练				
演练效果评审 物资到位情况	现场物资：■现场物资充分，全部有效 □现场准备不充分 □现场物资严重缺乏 个人防护：■全部人员防护到位 □个别人员防护不到位 □大部分人员防护不到位				
演练效果评审 协调组织情况	整体组织：■准确、高效 □协调基本顺利，能满足要求 □效率低，有待改进 抢险组分工：■合理、高效 □基本合理，能完成任务 □效率低，没有完成任务				
演练效果评审 实战效果评价	□达到预期目标 ■基本达到目的，部分环节有待改进 □没有达到目标，须重新演练				
演练效果评审 外部支援部门和协作有效性	报告上级：□报告及时 □联系不上 消防部门：□按要求协作 □行动迟缓 医疗救援部门：□按要求协作 □行动迟缓				
存在问题和改进措施	演练过程中，个别职工在模拟逃生仓慌乱无措无序、灭火器使用方法存在偏差等。加强员工火灾事故现场处置应对和灭火器使用培训。				

图 5－3 应急演练记录填写示例

第三节　安全风险防控手册应用

一、风险点排查表

根据安全风险防控手册，编制重点岗位风险点排查表，重点岗位包括水文站队岗位、砂管基地执法队员、砂管基地船员、水环境监测中心检测（人）员、水环境监测中心采样人员、水环境监测中心药品管理员、司机。

岗位风险点排查表内容包括风险点、检查项目、危害因素、风险等级、可能导致的后果、检查情况、备注。岗位作业活动开展前，预先对风险点的检查项目可能存在的危险因素进行辨识，填写岗位风险点排查表，确认管控措施有效，风险处于受控状态，如检查发现措施失效或不符合要求，应在检查情况处说明情况，并及时按照安全检查及事故隐患排查治理制度要求组织整改。

二、岗位风险告知卡

水文作业活动中存在很多风险，只不过是发生事故的几率不同、发生的时机不同、可能导致的伤害程度不同罢了。因此，推荐使用岗位风险告知卡，A4 纸的 1/4 大小即可，将岗位作业活动过程中可能存在的危害因素、造成的后果和采取的防范措施等内容写入卡片，按不同的岗位在进入工作前各执一卡随身携带，上岗工作时对照执行，使各岗位人员“早知道、早发现、早处置”，才会降低风险，减少或降低事故造成的损失。另一方面，岗位风险告知卡是在安全技术交底的基础上，将风险辨识分析的精华提炼到卡片上，相当于在普通门上又加了一道防盗门上了一把防盗锁，是双保险。

以省中心荆州市水文水资源勘测局为例，岗位风险告知卡包括水文站队队员岗位风险告知卡、砂管基地执法队员岗位风险告知卡、砂管基地船员岗位风险告知卡、水环境检测中心检测（人）员岗位风险告知卡、水环境检测中心采样人员岗位风险告知卡、水环境检测中心药品管理员岗位风险告知卡、综合办公室司机岗位风险告知卡。具体内容见第七章第三节第 4 部分内容。

安全风险告知卡可制作成小卡片，与工作卡正反面印制后压膜，也可采用铜版纸彩印装入工作卡袋里，也可将岗位安全风险告知卡张贴在相应岗位的重点区域，根据岗位风险的变化和调整情况，随时调整岗位风险告知卡内容。一次制作，多次使用。

第四节　隐患排查标准应用

各级水文单位按照《安全检查及事故隐患排查治理制度》要求开展各种隐患排查工作，形成各项检查记录文件。各级水文单位事故隐患排查的方式主要包括：综合性检查、专项检查、季节性检查、节假日检查、日常检查，根据隐患排查标准，可以自由组合形成各类（包括综合、专项、季节性、节假日、日常）安全检查记录表。

一、综合性安全检查

单位应每半年开展一次综合性检查，特殊情况下可增加频次。综合性检查应覆盖各级水文单位的各水文站队、砂管基地、水环境监测中心、机关各科室，检查内容应包括文件资料和作业现场两方面。

二、专项安全检查

每年应根据需求，有针对性地组织2～3次专项安全检查，专项安全检查可以包括危化品、电气火灾、消防安全、作业安全等方面。

三、季节性安全检查

根据每年季节变化的特点，组织有针对性的季节性安全检查，主要包括冬季安全检查、夏季安全检查、汛期安全检查。

四、节假日安全检查

节假日安全检查包括元旦、五一国际劳动节、国庆、春节等节日前的各项安全检查工作。安全检查主要内容包括消防、用电、危化品管理等。

五、日常检查

各单位（科室）应组织开展日常安全检查，日常检查的频次根据各单位（科室）特点确定，如每天或每周组织1次。

第六章 安全管理体系运行与改进

第一节 体系文件发布

一、安全管理制度发布

各级水文单位在完成安全管理制度体系内容审核后，更新目录，明确编制人、审核人、批准人。经主要负责人签发后以红头文件形式正式发布，原发布的安全管理制度同时废止。

二、应急预案发布

各级水文单位在完成应急预案编制工作后，组织召开应急预案评审或论证会，根据评审或论证意见完善应急预案内容，明确预案编制人、审核人、批准人。单位主要负责人签发后，以红头文件形式正式发布，并报上级主管部门备案。

第二节 培训交流

安全管理体系建设完成后，应针对体系的主要内容、使用要求等进行培训，确保体系能够规范运行。

以省中心为例，为切实保障全省水文系统安全发展，将安全管理体系真正地融入本单位的日常管理工作中且有效地执行下去，省中心于2020年11月24日召开了全省水文安全管理培训会，针对安全管理体系的修订完善情况、试点单位安全管理体系应用情况、体系运行文件的归档要求等进行了培训，增强了全省水文系统工作人员的安全意识，提高了其安全技能。会后，与会人员实地观摩了荆州市水文水资源勘测局水环境监测中心危化品安全生产标准化管理现场。各级安全管理人员也纷纷表示安全管理虽然是艰巨的一项工作，但有了这样一套系统化的安全管理体系，以及试点单位的应用成效，以后就有了参考标杆和行动方向。

交流会议结束后，省中心及中心所属各单位均制定了安全管理体系运行工作目标和工作方案，采用“策划、实施、检查、改进”动态循环的运行模式，力争实现安全管理体系的落地，加强长效机制建设，推进湖北省水文安全生产标准化工作。

第三节 运 行 控 制

一、体系运行原则

（一）充分发挥各级领导的带头作用

领导作为重大事项的决策者，在安全管理中起到关键性的组织作用，坚持一票否决制，养成安全第一的工作思维，处处讲安全，事事求安全，把安全工作的每一项举措落到实处；充分利用和组织现有人力、财力和物力资源，以最合理的安全成本实现最佳的安全效益，发挥统筹协调作用，切实解决突出矛盾和问题。

（二）全员、全过程、全方位安全管理

建立健全安全生产责任制，明确各部门和各级人员的安全生产职责，建立激励约束机制，鼓励员工建言献策，营造自下而上、自上而下全员重视安全生产的良好氛围；对安全生产事前、事中、事后全过程的每个环节、每个阶段的安全管理，强调预防为主，同时加强安全管理的过程方法和原则，实现全过程的安全控制管理；全方位安全管理以主要领导的安全决策为基础，安全管理机构进行统一协调安全管理活动，基层员工进行贯彻执行，达到全方位安全管理的目的。

（三）构建风险分级管控和隐患排查治理双重预防机制

建立水文安全生产风险分级管控体系，通过隔离危险源、采取技术手段、实施个体防护、设置监控设施等措施，达到回避、降低和监测风险的目的，做到安全风险分级、分层、分类、分专业管理；明确隐患排查机制，突出重点部位、关键环节、重要时段，对不能立即整改的隐患做到治理责任、资金、措施、期限和应急预案“五落实”，实现隐患排查治理的闭环管理。

（四）建立安全生产绩效持续改进的长效机制

根据安全生产管理体系持续运行的结果和反映的趋势，分析安全生产管理体系的运行质量，做到及时调整和完善安全管理体系，做好过程控制，持续改进，不断规范安全管理工作的“短板”，对其不断进行修复和加固，构筑安全防护墙、织牢安全防护网，从而提高安全生产绩效。

二、体系运行程序

运行工作程序主要有运行计划和运行实施两个阶段。运行计划阶段主要包括制定工作目标、编制工作方案、建立工作组织。运行实施阶段主要有法律法规标准规范获取、管理文件制修订和控制、安全管理体系培训、全员参与等过程。

（一）体系运行计划

安全管理体系运行计划工作包括：

1．制定工作目标

单位应制定安全管理体系运行工作目标，通常运行工作目标按照年度制定。运行工作目标制定一般遵循抓整改、抓提升、抓巩固原则，为运行实施提供方向。工作目标应层层分解，明确责任、落实措施、定期考核、奖惩兑现、目标调整。

2. 编制工作方案

单位应编制安全管理体系运行工作方案，运行工作方案应采用“策划、实施、检查、改进”动态循环的运行模式。

3. 建立工作组织

单位应建立安全管理体系运行工作组织，明确各级人员的职责。

（二）体系运行实施

体系运行实施工作主要包括法律法规标准规范获取、管理文件修订和控制、安全管理体系培训、全员参与、设备设施管理、作业安全管理、隐患排查治理、安全风险防控、职业健康、应急准备和响应。各级水文单位及其所属各单位按照运行计划和运行工作方案，在运行工作组织的领导下，各个科室、站队在职责范围内运行实施，逐步达到安全管理标准化、设备设施安全标准化、作业现场标准化、作业操作标准化和过程控制标准化。

1. 法律法规标准规范获取

法律法规标准规范获取是单位安全管理文件制修订的主要依据，因此单位应确定法律法规标准规范和其他要求的负责部门，各个职能科室负责工作范围内适用的法律法规获取工作，并将获取的法律法规及时反馈给负责部门，由其负责汇总和传达到各部门各岗位并融入制度中。

2. 管理文件修订和控制

单位应确定各安全管理文件的制修订和控制的负责部门，各负责部门及时将获取的法律法规标准规范和其他要求融入管理文件中去；按文件权限对安全管理文件定期进行评审和制修订，并进行文件发放和使用，防止作废文件逾期使用。

3. 安全管理体系培训

安全管理体系运行需要全员参与，因此，需要通过教育培训进行不断地巩固，培训工作在全员培训的前提下，分层次、分阶段、循序渐进进行。

培训的第一层次为决策层。首先要解决单位领导层对安全管理体系运行工作重要性的认识，了解安全管理体系纲领性文件，加强其对安全生产标准化运行工作的理解，从而使单位领导层重视运行工作，加大体系运行工作的推动力，监督执行度和检查运行效果。

培训的第二层次为管理层，包括管理科室的负责人。管理层需了解安全管理体系的设计思想、构成等，并着重从安全管理体系规范性文件进行入手，分析本科室、本岗位、相关人员应该做哪些工作，思考如何将安全管理体系运行和单位日常管理工作相结合。根据执行层人员反馈的问题，进行针对性的解决，促进安全管理体系文件优化。

培训的第三层次为执行层，即与安全管理体系作业有关的所有作业人员。执行层人员需要熟练运用安全管理体系的应用性文件，熟练运用到日常的岗位活动中去，并通过不断地实践发现问题提出建议，并向管理层反馈。

4. 全员参与

安全管理体系运行要求单位全体员工必须参加。全体员工无论是管理者还是实际操作者，都要结合各自的工种、岗位学习国家法律、法规和技术标准，排查生产工艺过程、环节和操作行为存在的风险、安全隐患，对不符合国家法律、法规和技术标准的工艺、环节或操作行为提出建议，实现安全水平的提高。

通过安全管理体系运行，一方面系统培养和加强全体员工的遵纪守法、“安全第一”“我要安全”的思想意识；另一方面，使全体员工系统掌握与岗位相适应的安全知识和排查安全隐患能力，以及应急自救和逃生技能。

5. 设备设施管理

单位应从采购、入库、安装、验收、使用、维护、保养、检测、修理到报废，对生产仪器设备设施进行管理工作。

6. 作业安全管理

单位应加强生产、勘测现场安全管理和生产过程的控制工作。单位应加强生产作业行为的安全管理工作。设置明显的、正确的安全警示标识。加强对承包商、供应商管理工作。

7. 隐患排查治理

单位应运用隐患排查标准组织事故隐患排查治理工作，落实从主要负责人到全体员工的责任，及时发现并消除隐患，实行隐患排查、记录、监控、治理、整改、验证的闭环管理工作。

8. 安全风险防控

单位应进行安全风险辨识、评估、管控，并及时对安全风险成果进行更新，重点岗位重点场所应设置风险点排查表、岗位风险告知卡。对确认的重大危险源及时登记建档、备案。

9. 职业健康

单位应采用有效的方式对从业人员及相关方进行宣传，使其了解生产过程中的职业危害、预防和应急处理措施，降低或消除危害后果。

10. 应急准备和响应

单位应建立相适应的专兼职应急救援组织，或指定专兼职应急救援人员，并组织训练。根据风险辨识评价结果，制定生产安全事故综合和专项应急预案，并针对危险性较大的重点岗位制定现场处置方案，形成安全生产应急预案体系，重点岗位人员应配备应急处置卡。按规定设置应急设施，配备应急装备，储备应急物资，并进行经常性的检查、维护、保养，确保其完好、可靠。

定期组织生产安全事故应急演练，并对演练效果进行评估，做好记录。根据评估结果，修订、完善应急预案，改进应急管理工作。发生事故后，应立即启动相关应急预案，积极开展事故救援。

第四节 持 续 改 进

安全管理体系运行工作是一项长期性、综合性、基础性的工作，不能一蹴而就，按照

PDCA 原则，不断实施、检查、总结与提高。持续改进包括：每年至少组织一次安全管理体系运行情况的检查评定，验证各项安全管理体系运行的适宜性、充分性和有效性，提出改进建议，形成评定报告，并以正式文件印发。

根据评定结果和安全生产预测预警系统所反映的趋势，客观分析本单位安全管理体系的运行质量，及时进行调整和过程管控，不断提高体系运行效果。

第七章
安全管理体系在试点单位的推广

省中心基于水文行业的特性，借鉴其他行业安全生产标准化建设成功经验，于2017年年底初步构建形成了具有湖北水文特色的安全管理体系。2018年在全省水文系统试运行一年，在运行过程中进行不定期的培训和检查，2019年年初，在武汉博晟安全技术股份有限公司的指导下，结合试运行发现问题，省中心对现有的安全管理体系进行了完善优化，形成了层级分明、结构合理、内容完整的水文安全管理体系。为了将安全管理体系真正融入各单位的日常管理工作并有效执行下去，综合考虑单位规模、日常安全管理范围、安全管理水平等因素，初步选定宜昌市水文水资源勘测局、荆州市水文水资源勘测局2家单位做试点，分别对2家单位进行实地调研，最终选择荆州市水文水资源勘测局为安全管理体系试点单位。

第一节　体系在试点单位的应用情况

2020年9月16—18日，省中心邀请专家对荆州市水文水资源勘测局安全管理体系的运行情况进行现场调研，了解荆州市水文水资源勘测局安全管理体系的运行情况以及体系在应用过程中的难点、瓶颈。

荆州市水文水资源勘测局安全管理体系运用过程中存在的问题主要表现在：①存在“一人多岗”的情况，一人签订多份安全生产责任书，责任书中存在工作职责的内容；②安全管理制度，通用类制度偏多，不能体现水文行业特色；③安全风险管控手册未应用实施；④隐患排查标准未有效实施，未根据需要编制安全检查表；⑤应急预案未根据单位实际完善，不能体现水文特色，未组织开展应急预案的培训和演练等。

第二节　体系在试点单位取得成效

一、安全生产责任书

根据各单位（科室）梳理出的岗位职责情况，对一人负责多岗位的安全职责进行合并调整，同时将属于工作职责的内容剔除安全职责中，确保做到职责清晰、内容精炼，一人只需签订一份安全生产责任书。修订后的安全生产责任书体系如图7-1所示。

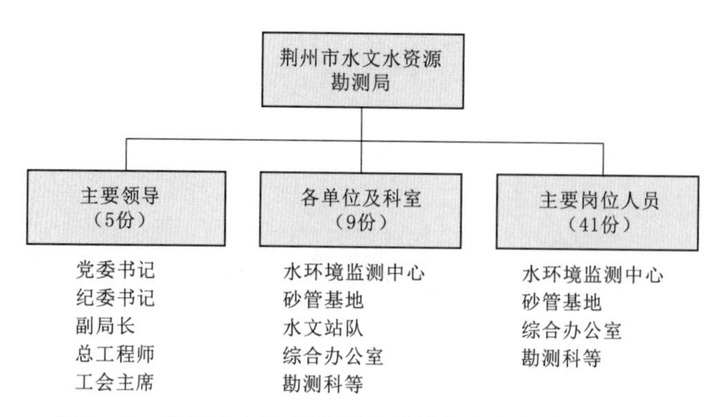

图 7－1 荆州市水文水资源勘测局安全生产责任书体系

荆州市水文水资源勘测局主要领导、各单位及科室、主要岗位人员对修订后的安全生产责任书进行查看确定，并于 2021 年年初从上至下逐级签订了安全生产目标责任书，建立了横向到边、纵向到底的安全生产责任体系。

二、安全管理制度

根据现场调研的情况，结合专家提出的合理建议，荆州市水文水资源勘测局对现有的安全管理制度体系文件进行修订，对有水文特色的制度进行内容审核，对行业通用部分进行合并调整，涉及水环境监测中心的相关制度，结合水环境监测中心质量管理体系要求进行调整。

荆州市水文水资源勘测局对修订后的安全生产管理制度从水环境监测中心、水文站所等重点场所进行了梳理，确定水环境监测中心张贴《水环境监测实验室安全管理制度》《危险化学品废弃物处理制度》《危险化学品管理制度》；下属各水文站（队）张贴《野外作业安全管理制度》《水文基础设施安全管理制度》《水文技术装备安全管理制度》《水文观测工作制度》《水文测验安全生产管理制度》；砂管荆州基地张贴水上作业安全管理制度。修订后的安全管理制度体系 35 项，较之前少了 8 项。

荆州市水文水资源勘测局通过落实安全管理制度，开展各项安全管理工作，并形成各项过程管理和结果记录文件。如 2020 年 11 月，荆州市水文水资源勘测局组织开展了交通安全培训，培训档案包括培训通知、培训记录、签到表、影像资料、培训教材、培训效果评估表等。

三、应急预案

重新梳理应急预案体系，突出水文特色，根据安全风险管控手册调整情况，对应急预案进行相应的调整。对通用部分的应急预案进行合并，并根据荆州市水文水资源勘测局实际，完善应急预案单位概况、应急领导小组、值班电话、应急物资装备等内容。修订后应急预案 16 个，较之前少 7 个。修订后应急预案如图 7－2 所示。

预案修编完成后，荆州市水文水资源勘测局组织开展了应急预案培训，并结合安全风险防控手册，针对重要工作场所、岗位的特点，编制简明、实用、有效的应急处置卡，并张贴在相应的场所、岗位。

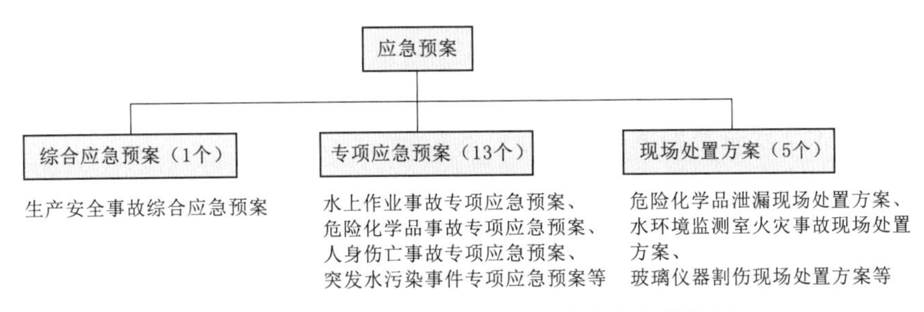

图7-2　荆州市水文水资源勘测局应急预案体系

四、安全风险防控手册

按最新法规标准要求对手册进行内容审核，针对无需管控的低风险，在本次修订中予以删除，形成符合荆州水文局实际的安全风险防控手册。

为了更好地运用《安全风险防控手册》，专家指导荆州市水文水资源勘测局完成了岗位安全风险告知卡和岗位风险点排查表的编制工作，将岗位安全风险告知卡张贴在相应的岗位，并要求定期对风险点排查确认，填写岗位风险点排查表，确保各级风险均处于受控状态。

五、隐患排查标准

对隐患排查标准编制依据以及内容进行审核，对隐患排查标准内容进行调整。结合荆州市水文水资源勘测局安全管理实际，编制综合检查、专项检查、季节性检查、节假日检查、日常检查等记录表，运用各类安全检查表，完成隐患排查闭环管理工作。根据制度要求，每半年对各单位（科室）开展一次综合性检查；每年组织2～3次专项安全检查，包括消防安全、危险化学品管理等各个方面；每年根据季节变化的特点，组织有针对性的季节性安全检查；在元旦、春节、五一国际劳动节、国庆节前组织安全检查；各单位（科室）根据实际情况确定日常检查频次，按期完成日常检查工作。

第三节　体系应用在试点单位的成果展示

一、安全生产责任书

（一）荆州市水文水资源勘测局全员岗位安全生产责任书

1. 主要领导、单位（科室）安全生产责任书

（1）荆州市水文水资源勘测局党委书记安全生产责任书。

（2）荆州市水文水资源勘测局副局长安全生产责任书。

（3）荆州市水文水资源勘测局纪委书记安全生产责任书。

（4）荆州市水文水资源勘测局总工程师安全生产责任书。

（5）荆州市水文水资源勘测局工会主席安全生产责任书。

（6）荆州市水文水资源勘测局水文站队（县级水文局）安全生产责任书。

（7）荆州市水文水资源勘测局水环境监测中心安全生产责任书。

（8）荆州市水文水资源勘测局砂管基地安全生产责任书。

（9）荆州市水文水资源勘测局综合办公室安全生产责任书。

（10）荆州市水文水资源勘测局财务科安全生产责任书。

（11）荆州市水文水资源勘测局勘测科安全生产责任书。

（12）荆州市水文水资源勘测局水情科安全生产责任书。

（13）荆州市水文水资源勘测局水资源科安全生产责任书。

（14）荆州市水文水资源勘测局信息科安全生产责任书。

2. 荆州市水文水资源勘测局水文站队岗位安全生产责任书

3. 荆州市水文水资源勘测局砂管基地岗位安全生产责任书

（1）砂管基地副主任安全生产责任书。

（2）砂管基地船员岗（负责船舶驾驶）安全生产责任书。

（3）砂管基地司机岗（汽车驾驶）安全生产责任书。

（4）砂管基地执法队员安全生产责任书。

4. 水环境监测中心主要岗位安全生产责任书

（1）水环境监测中心副主任安全生产责任书。

（2）水环境监测中心技术负责人安全生产责任书。

（3）水环境监测中心质量负责人安全生产责任书。

（4）水环境监测中心业务室主任安全生产责任书。

（5）水环境监测中心监测室主任安全生产责任书。

（6）水环境监测中心监督员安全生产责任书。

（7）水环境监测中心安全（检查）管理员、核查人员安全生产责任书。

（8）水环境监测中心标准物质管理员安全生产责任书。

（9）水环境监测中心档案管理员安全生产责任书。

（10）水环境监测中心检测（人）员安全生产责任书。

（11）水环境监测中心样品管理员安全生产责任书。

（12）水环境监测中心采样人员安全生产责任书。

（13）水环境监测中心内审员安全生产责任书。

（14）水环境监测中心授权签字人、提出意见与解释人员安全生产责任书。

（15）水环境监测中心药品管理员安全生产责任书。

（16）水环境监测中心设备管理员安全生产责任书。

5. 荆州市水文水资源勘测局综合办公室主要岗位安全生产责任书

（1）综合办公室综合治理管理岗安全生产责任书。

（2）综合办公室机关后勤管理岗、机关食堂管理岗、器材管理岗、水电管理岗安全生产责任书。

（3）综合办公室副主任（党建、人事、机关后勤管理）安全生产责任书。

（4）综合办公室公文收发及档案管理岗、综合文秘宣传管理岗安全生产责任书。

(5) 综合办公室人事、党建及文明创建综合管理岗安全生产责任书。

(6) 综合办公室人事劳资管理岗安全生产责任书。

(7) 综合办公室司机岗安全生产责任书。

6. 荆州市水文水资源勘测局财务科主要岗位安全生产责任书

(1) 财务科副科长安全生产责任书。

(2) 财务科出纳岗安全生产责任书。

(3) 财务科会计岗（兼资产岗）安全生产责任书。

7. 荆州市水文水资源勘测局勘测科安全生产责任书

(1) 勘测科副科长安全生产责任书。

(2) 勘测科基本建设岗、新技术新方法应用岗、资料整编岗安全生产责任书。

(3) 勘测科综合岗安全生产责任书。

8. 荆州市水文水资源勘测局水情科安全生产责任书

(1) 水情科副科长安全生产责任书。

(2) 水情科软件及网络管理岗、情报预报岗安全生产责任书。

9. 荆州市水文水资源勘测局水资源科主要岗位安全生产责任书

(1) 水资源科副科长安全生产责任书。

(2) 水资源科水环境监测岗安全生产责任书。

(3) 水资源科水资源评价岗安全生产责任书。

10. 荆州市水文水资源勘测局信息科安全生产责任书

(1) 信息科副科长安全生产责任书。

(2) 信息科综合岗、仪器管理岗、网络管理岗、信息运行维护岗安全生产责任书。

(二) 安全职责示例

1. 副局长安全职责

(1) 贯彻执行党和国家的有关安全生产法律、法规、方针、政策及上级主管部门决定、指令。

(2) 贯彻、落实荆州市水文水资源勘测局分解的安全生产目标，并监督检查分管范围内各科室安全生产目标的完成情况。

(3) 严格落实安全生产费用审批程序，按有关规定落实安全投入资金，保障安全生产工作经费。

(4) 组织制定、修订荆州市水文水资源勘测局安全生产责任制和安全管理的各项规章制度、安全目标、安全工作计划、应急救援预案、操作规程，并督促实施。

(5) 组织对各水文站及县级水文局、机关各科室按月、季度、半年、年度安全考核和安全生产责任书的兑现工作，组织召开年度安全生产总结、兑现和表彰大会，落实“奖罚分明”的原则。

(6) 协助局长建立健全荆州市水文水资源勘测局安全管理体系、双重预防体系和组织机构，配备充足的专职安全管理人员，充分发挥安全管理部门的监督、检查、管理职能。

(7) 深化隐患排查治理，组织定期或不定期的安全检查，深入开展冬春安全生产检查、汛期安全生产检查、危险化学品安全管理专项整治等活动；组织人员深入运行现场巡视，着力抓好重大隐患整改督办工作，督促隐患整改责任、措施、资金、时限、预案“五落实”。

（8）协助荆州市水文水资源勘测局局长安全生产教育与考核工作，强化宣教培训，提高全员安全意识；组织开展“安全生产月”活动、水利部安全生产网络知识竞赛等活动。

（9）突出重点领域，强化在建工程项目施工现场的安全监管；在组织安排运行生产时，负责督促落实安全措施，积极协助局长抓好全局性的安全工作，做好安全措施配套工作。

（10）接受上级安全生产主管部门的监督、检查和指导，积极参与安全生产事故的救援、调查工作。

（11）积极参与单位组织开展的各种形式的安全生产检查、教育培训、会议、应急演练、安全文化等活动。深入调研、率先垂范、以身作则、带头规范自己的安全行为，身教重于言教，自觉遵守安全规章制度，给干部职工做出表率。

（12）组织进行环境因素和危险源辨识、风险评价，加强危险源管理，参与重大危险源普查、登记、报告和监控工作。

（13）协助局长对本单位安全管理体系运行和落实情况进行监督指导，协助局长组织开展水利安全生产标准化建设、安全生产网格化管理工作。

2. 综合办公室安全职责

（1）承办荆州市水文水资源勘测局安全生产具体事务，抓好全局安全生产工作，在局长和局安全生产领导小组的领导下，组织和推动全局安全生产工作，宣传、贯彻、执行国家安全生产的法律、法规和规章。

（2）编制、执行荆州市水文水资源勘测局安全、消防、环保、交通、应急管理性文件和规章制度，协助领导组织和推动安全生产的实施，负责运行安全、消防、环境保护、交通安全、应急等方面的安全管理和行使监察职责。

（3）负责局机关接待、综合会务安全工作；组织局机关、指导各水文站队的安全保卫及消防工作；负责局安全生产领导小组日常工作，联系和协调各组员单位工作，做好与省中心、邻近水利部门间的信息传递和信息工作的协调，传达有关安全方面的文件。

（4）负责制定荆州市水文水资源勘测局的安全工作计划，对全局的安全情况，定期向分管安全副局长报告。

（5）开展安全目标管理，分解下达安全生产指标，协助局长与各级安全第一责任人签订安全生产责任书，参与对局属各站及县级水文局、科室履行安全生产目标责任的监管与考核，并将考核情况纳入年度考核的重要内容。

（6）负责监督各水文站队及县级水文局、机关各科室安全生产责任制的落实，监督各项安全生产规章制度和上级有关安全生产指标的贯彻执行，负责全局安全生产工作的检查、监督、指导和考核，对各水文站队及县级水文局、机关各科室的安全生产工作进行综合协调。

（7）负责组织安全生产投入计划的制定，监督费用提取和计划的落实。

（8）会同有关局机关各科室组织落实安全技术培训工作和职工的日常安全教育培训工作，督促安全管理人员和特种作业人员持证上岗；负责监督检查各水文站队及县级水文局组织开展安全教育、培训工作。

(9) 负责特种作业人员安全技术培训、取证和复审的组织管理工作。

(10) 负责组织开展勘测局的安全竞赛、评比、奖惩活动。

(11) 组织进行环境因素和危险源辨识、风险评价，监督检查重要环境因素和重大危险源安全防护措施的落实，监督各水文站队及县级水文局、机关各科室编制、落实目标、指标、管理方案和应急预案等控制措施。

(12) 在荆州市水文水资源勘测局的监督指导下，按要求执行本单位安全管理体系、双重预防体系运行和落实工作，积极参与水文安全生产标准化建设工作。

(13) 参加或协助上级部门组织的事故调查，监督“四不放过”原则的贯彻落实，对单位生产安全事故相关责任人员提出监察建议，并监督检查有关部门落实事故责任追究情况；归口管理事故统计报告工作，做到及时、准确、完整，协助分管领导组织或参加环境事件、安全事故的调查与处理，监督检查有关部门落实事故责任追究情况。

(14) 组织人员对办公大楼的门、窗、锁、消防设备，公共区域水、电以及各办公室内电脑、打印机等电器使用情况进行逐一检查，对发现的问题要求及时进行整改。

(15) 针对公务用车和生产用车特点，建立健全机动车辆管理制度，制定安全行车措施，加强机动车辆的维护保养工作，确保性能良好；定期对全体司机安全用车进行教育，确保行车安全。

(16) 负责完善食堂安全管理，派专人核查食物，保障食品安全；教育食堂工作人员加强液化气罐使用安全，防止意外发生。

(17) 督促检查局领导及上级安全生产方面的重要决策、决议、决定和工作部署的贯彻落实情况。

(18) 建立健全档案管理制度、文件管理制度、记录管理制度等，配备专（兼）职档案管理人员，建立档案室重点防火部位档案，做好档案资料保管的安全、保密工作。

(19) 宣传报道局安全生产领域所取得的经验、所采取的好办法和涌现出来的好典型以及体现的好效果，同时发挥舆论监督作用，曝光和抨击“三违”现象，做到安全警钟长鸣，实现安全生产。

(20) 做好干部人事管理工作，在各级领导人员的选拔任用中，对拟任职人选进行安全意识、安全行为、安全业绩等方面的考核。

(21) 在按政策落实职工工资待遇、工资调整等工作时，同时考虑职工安全生产工作的落实情况以及年度考核情况，根据落实考核情况进行调整。

(22) 办理病、死、伤、残等事项，落实因工（公）伤（亡）残抚恤有关政策。

(23) 围绕安全生产，充分发挥离退休干部在安全生产中的作用，推行老干部安全协管。组织老干部进行安全帮带、安全帮教、安全咨询、安全宣讲、安全巡视、安全督察活动；确保老干部在文化活动和外出参观考察等工作中的安全；指导老干部参与安全文化建设，营造安全文化氛围。

(24) 按照党、政、工、团齐抓共管的原则，将安全生产工作纳入到党委的日常管理工作中，对涉及职工安全生产切身利益及事故隐患问题，及时向有关主管领导提出口头或书面意见，并监督落实。

（25）健全工会系统劳动保护监督网络，并使其履行职责，充分发挥工会组织在安全生产中的监督检查作用；主动、依法、科学维护女职工合法权益和特殊利益，强化女职工劳动保护监管。

（26）参加本单位组织的安全生产检查和纪律检查，了解安全生产动态，做好职工安全思想教育工作，对违反安全生产规定的职工进行教育，对忽视安全生产、玩忽职守、严重失职导致重大事故的领导干部提出罢免建议。

（27）推行安全生产网格化管理，落实安全网格员，摸清本科室网格内安全生产现状，确定管辖区域内重点管理部位（环节），建立健全网格安全生产基础数据台账，将网格内安全生产信息纳入全省安全生产隐患排查治理标准化、数字化管理系统和水利部安全生产信息填报系统，及时报送相关信息。

（28）组织安全生产大检查，落实冬春安全生产检查、汛期安全生产检查、危险化学品安全管理专项整治等检查活动，检查各水文站队及县级水文局的防汛抢险组织情况、防汛抢险队伍落实情况、防汛通讯系统完好情况、防汛抢险物资器材储备情况、防汛经费落实情况、防汛值班值守情况等，对基本站测验设施检查维护、报汛设施检查等安全生产工作进行考核。

（29）组织检查水文工程项目安全设施“三同时”制度落实情况。

3. 财务科安全职责

（1）贯彻落实国家有关财务、会计、经济和资产管理方面的法律法规、标准规范及上级主管部门有关规定，参与勘测局安全生产会议，研究解决安全生产问题。

（2）落实安全生产责任制，负责安全投入管理制度等财务管理相关制度的编制和审核，并按照制度进行安全生产费用管理，监督检查安全生产费用使用情况。

（3）加强安全生产专项资金管理，提高安全生产资金使用效率；组织落实水文基本建设项目前期工作和投资计划，建立安全生产费用台账，确保安全生产资金及时到位。

（4）负责工程建设项目安全设施“三同时”制度中有关经费的落实、“两措”（即安全技术劳动保护措施计划和反事故措施计划）以及设备更新改造、大修和应急处置经费的落实工作。

（5）负责年度安全生产投入预算的编制，对各水文站队及县级水文局、机关各科室安全生产费用使用情况进行监督检查，并做好安全费用使用情况年终总结与考核，披露考核结果。

（6）在按政策进行绩效考评时，同时考虑职工安全生产工作的落实情况以及年度考核情况。

（7）加强本单位安全设备设施的采购、处置和管理工作，合理配置和有效利用安全设备设施，防止安全设备设施流失。

（8）全面摸清和掌握职责范围内安全生产现状，确定管辖区域内重点管理部位（环节），建立完善网格安全生产基础数据台账，及时收集、上报相关信息，检查、指导下级网格的工作。

（9）贯彻、落实科室安全生产目标，并监督检查管辖范围安全生产目标的完成情况，严格落实安全生产目标的考核奖惩。

（10）组织进行科室环境因素和危险源辨识、风险评价，加强危险源管理，参与重大危险源普查、登记、报告和监控工作，建立健全重大危险源和重大隐患管理档案。

（11）参与单位组织的隐患排查，组织人员对网格区域的门、窗、锁、消防设备，网格区域水、电以及办公室内电脑、打印机等电器使用情况进行定期或不定期的安全巡查，对发现的问题督促隐患整改落实。

（12）在荆州市水文水资源勘测局的监督指导下，按要求执行本单位安全管理体系运行和落实工作，积极参与水文安全生产标准化建设工作。

（13）做好网格区域内应急管理工作，储备应急物资，建立应急装备、应急物资台账，组织参与应急演练。

（14）按要求组织员工参加安全生产教育培训。

（15）做好事故预防工作，发生事故时，及时组织抢救，最大限度地减少事故损失，同时及时、如实报告事故，配合有关领导和部门做好事故调查处理工作。

4. 水环境监测中心安全（检查）管理员、核查人员安全职责

（1）贯彻执行国家消防、危险化学品、安全保卫的方针政策、法律法规及上级主管部门的有关规定，认真遵守职业安全健康的各项规章制度，落实安全生产工作目标责任。

（2）参与拟订并严格执行危险化学品管理制度等安全生产规章制度、操作规程和生产安全事故应急救援预案，对安全生产各项日常工作进行落实、检查、总结及汇报。

（3）落实本岗位职责范围内的安全生产网格化具体工作，参与编写网格安全生产基础数据台账，对本岗位的安全状况实施动态巡查，开展隐患排查治理，及时报告有关工作情况和相关信息。

（4）实施、管理、监督监测中心承担的各项监测任务的作业安全。

（5）实施监测中心仪器设备的周期检定、校准（包括送检和自检）。

（6）开展“四防”（防火、防盗、防爆、防破坏）安全教育，加强重点部位的安全检查和管理，及时发现隐患并整改，确保监测中心仪器设备安全，保证监测中心工作顺利进行。

（7）监督、检查监测中心大型精密仪器设备的保养、维修、管理和防火、防盗、防事故安全保卫措施的落实。

（8）对“易燃、易爆、剧毒及放射性”物质进行监督管理，发现问题及时处理并报告有关领导。

（9）定期清查监测中心药品，对长期不用或者报废的药品提出处理意见，经技术负责人批准后做相应处理。

（10）及时制止和纠正违章指挥、强令冒险作业、违反操作规程的行为，监督、检查正确使用和佩戴劳动防护用品、仪器设备的保养和维护、危险工作场所警示标识维护和保养。

（11）做好作业全过程的安全检查，检查安全生产状况，及时排查生产安全事故隐患，提出改进安全生产管理的建议，认真做好各项安全记录，填写隐患台账。

（12）遇到有严重危及人身安全的作业而无任何保证措施时，有权拒绝违章指挥和强令冒险作业。

（13）积极参加监测中心组织的安全生产教育培训，掌握操作技能和安全防护知识，如实记录安全生产教育和培训情况。

（14）督促落实安全生产整改措施、重大危险源的安全管理措施，对各级提出的生产安全事故隐患，按规定及时整改。

（15）对电梯等特种设备安全直接负责，监督特种作业人员、特种设备作业人员持证上岗。

（16）按规定配置灭火器材，并及时检查、维护、更换；组织或参与应急救援演练，掌握各类事故发生时的处置方法。

（17）辨识本岗位可能存在的危险源，明确防范、处理措施。

（18）根据本岗位的职责要求，对本岗位涉及的安全管理体系文件进行积极落实，并参与水文安全生产标准化建设工作。

（19）发生事故或未遂事故时，及时、如实向分管安全领导和部门报告，保护现场，积极施救。参加有关事故分析，吸取事故教训，积极提出预防措施和促进安全生产、改善劳动条件合理意见。

（20）按照要求积极参加安全生产会议、安全文化等活动。

二、安全管理制度

（一）制度分类

1. 综合安全管理类

（1）安全生产目标管理制度。

（2）安全保卫管理制度。

（3）安全生产考核奖惩制度。

（4）安全生产责任制度。

（5）安全生产费用管理制度。

（6）应急预案管理制度。

（7）安全生产网格化管理制度。

（8）档案管理制度。

（9）安全生产法律法规标准规范管理制度。

（10）危险化学品管理制度。

（11）防汛度汛安全管理制度。

（12）工伤保险管理制度。

（13）文件记录管理制度。

（14）抢险救灾管理制度。

（15）消防安全管理制度。

（16）用电安全管理制度。

（17）交通安全管理制度。

（18）安全检查及事故隐患排查治理制度。

（19）安全风险管控管理制度。

（20）突发事件应急管理及生产安全事故报告、调查和处理制度。

（21）水文工程建设项目安全管理制度。

2. 人员安全管理类

（1）安全教育培训管理制度。

（2）劳动保护用品管理制度。

（3）水文观测工作制度。

（4）水文测验安全生产管理制度。

3. 环境安全管理类

（1）危险化学品废弃物处理制度。

（2）水环境监测实验室安全管理制度。

4. 设备设施管理类

（1）水文基础设施安全管理制度。

（2）水文技术装备安全管理制度。

（3）计算机及网络信息安全管理制度。

5. 作业行为管理类

（1）水上作业安全管理制度。

（2）野外作业安全管理制度。

6. 相关方管理类

（1）相关方及外用工（单位）安全管理制度。

（2）相关方作业安全管理制度。

（二）关键制度示例

1. 水文工程建设项目安全管理制度

第一章 总 则

第一条 为了加强水文工程建设项目安全生产管理，明确安全生产责任，防止和减少安全生产事故，保障人民群众生命和财产安全，依据《湖北省建设工程安全生产管理办法》，结合湖北省荆州市水文水资源中心实际，特制定本制度。

第二条 本制度适用于湖北省荆州市水文水资源勘测局所承担的水文工程建设项目的安全生产管理。水文工程，是指水文测验设施和生产业务设施等（包括配套与附属工程）各类水文工程。

第三条 水文工程建设安全生产管理，坚持“安全第一，预防为主、综合治理”的方针。

第四条 水文工程建设项目的安全生产管理目标是控制和减少安全事故发生。

第五条 水文工程建设项目必须按“三同时”的要求，从项目设计开始就严格执行安全生产管理规定。

第二章 职 责

第六条 荆州市水文水资源勘测局安全生产领导小组对工程建设施工安全生产实施监督管理。项目法人全面部署和检查落实工程建设的安全生产工作，负责与参建各方签订安全生产合同，明确工程建设各方主体必须履行的安全生产责任。

第七条 项目法人的职责主要是：

（1）审查施工投标单位资格，包括资质、业绩、安全管理机构、安全工作体系和以安全施工责任制为核心的安全管理制度、企业安全等级，认定投标施工企业是否符合工程安全施工的要求。

（2）负责与参建各方签订安全生产合同，建立安全生产管理网络。

（3）建立安全生产管理机构，落实专人负责；制定本项目的安全生产管理制度；加强项目的日常管理及检查工作，加强对各类危险源监控工作及安全隐患排查整改的督促工作；建立项目安全生产管理档案。

（4）在进行工程项目管理时，应充分考虑施工环境、施工强度和施工干扰对工程施工安全的影响，按合同中的规定为施工承包单位的安全施工创造必要的条件。

第八条 勘察、设计、监理、施工单位按照国家有关规定及所签订的安全生产合同，认真履行相应的安全生产责任。

（1）勘察单位对勘察成果负责。

（2）设计单位对设计有关的安全生产事故负责并承担相应的责任。

（3）监理单位对工程建设安全生产承担监理责任。

（4）施工单位对工程项目建设施工安全生产全面负责，制定制度、操作规程、措施，保证资金，配备安全生产专职人员，培训作业人员合格后方能上岗。

第九条 荆州市水文水资源勘测局安全生产领导小组职责：

（1）审定重大安全技术方案、措施的费用，监督重大安全技术方案、措施的实施及其费用的使用。

（2）监督指导工程建设项目安全生产工作，组织开展监督检查，督促安全事故隐患的排查及整治，考核项目安全生产工作。

第三章 监督管理

第十条 综合办公室对所辖在建工程项目负有督促管理责任，应动态掌握在建工程安全生产状况。

第十一条 当施工承包单位的安全管理工作严重失控、且施工或施工安全没有保证时，有权通过监理或直接令其停工或停工整顿，必要时中止合同，由此产生的损失，由施工承包单位自行承担。

第四章 附则

第十二条 发生生产安全事故，项目法人及其他单位应当按有关规定及时、如实报告。对工程建设生产安全事故的调查、对事故责任单位和责任人的处罚，按照有关法律、法规的规定执行。

第十三条 本办法由综合办公室负责解释。

第十四条 本办法自印发之日起实施。

2. 相关方作业安全管理制度

第一章 总则

第一条 为进一步规范荆州市水文水资源勘测局相关方各项检修、施工中的作业安全管理要求，控制各项作业风险，保护作业人员生命安全和健康，特制定本制度。

第二条　本制度适用于在本单位管理范围内相关方施工、检修等过程中的作业管理。

第二章　管　理　职　责

第三条　综合办公室是荆州市水文水资源勘测局相关方作业的综合监督管理部门，负责编制和修订本制度内容，对相关方资质及作业人员资格审查、备案管理。

第四条　现场项目管理部门对工程项目实施现场安全监督管理，负责各项作业的监督检查、作业票的审批等工作。

第五条　现场工程项目实行监理的，由监理单位负责作业票的审批，对发现的问题立即要求施工单位进行纠正或停工整改。

第六条　各水文站队负责本单位动土作业的安全监督管理。

第七条　相关方对本单位作业过程中的各项作业安全负责，并遵守本制度有关规定。

第八条　组建工程巡查管理机构，落实职责。巡查组长由单位分管副局长担任。组员由相关水文站队、科室人员组成。综合办公室负责安排巡查计划，巡查组长审核后组织实施，巡查结束后由综合办公室组织召开巡查工作会议，对巡查结果做出客观、公正的评价，并上报单位负责人。

第三章　作　业　管　理

第九条　作业单位在进行危险作业前应申请办理作业票，经作业单位负责人同意后，安全管理人员应亲自或派专人到现场对风险类别、安全措施进行确认，风险类别、安全措施确认后提交责任单位主管领导审批，审批同意后方可进行作业。存在特殊危险时，需要荆州市水文水资源勘测局分管安全生产的领导进行审批，实行监理的工程项目，由监理单位负责人进行审批。

第十条　作业前，作业人员应验查作业票，检查确认无误后，方可作业。

第十一条　作业单位应对作业过程中现场的安全措施、人员作业行为及现场管理情况进行监督检查。

第十二条　对工期较长的作业，综合办公室应不定期对现场进行检查，并监督作业管理部门对现场实施管控。

第十三条　作业条件发生重大变化，作业单位应重新办理作业票。

第十四条　作业票一式两份，分别由相关单位存档。

第四章　基本规定及要求

第十五条　动土作业基本规定及要求：

（1）作业前，应检查工具、现场支撑是否牢固、完好，发现问题应及时处理。

（2）作业现场应根据需要设置护栏、盖板和警告标志，夜间应悬挂警示灯。

（3）在破土开挖前，应先做好地面和地下排水，防止地面水渗入作业层面造成塌方。

（4）作业前应首先了解地下隐蔽设施的分布情况，动土临近地下隐蔽设施时，应使用适当工具挖掘，避免损坏地下隐蔽设施。如暴露出电缆、管线以及不能辨认的物品时，应立即停止作业，妥善加以保护，报告动土审批单位处理，经采取措施后方可继续动土作业。

（5）作业人员发现异常时，应立即撤离作业现场。

（6）施工结束后应及时回填土石，并恢复地面设施。

（7）挖掘坑、槽、井、沟等作业，应遵守下列规定：

1）挖掘土方应自上而下逐层挖掘，不应采用挖底脚的办法挖掘；使用的材料、挖出的泥土应堆放在距坑、槽、井、沟边沿至少0.8m处，挖出的泥土不应堵塞下水道和窨井。

2）不应在土壁上挖洞攀登。

3）不应在坑、槽、井、沟上端边沿站立、行走。

4）应视土壤性质、湿度和挖掘深度设置安全边坡或固壁支撑。作业过程中应对坑、槽、井、沟边坡或固壁支撑架随时检查，特别是雨雪后和解冻时期，如发现边坡有裂缝、疏松或支撑有折断、走位等异常情况，应立即停止工作，并采取相应措施。

5）在坑、槽、井、沟的边缘安放机械、铺设轨道及通行车辆时，应保持适当距离，采取有效的固壁措施，确保安全。

6）在拆除固壁支撑时，应从下而上进行。

7）更换固壁支撑时，应先装新的，后拆旧的。

8）不应在坑、槽、井、沟内休息。

9）作业人员在沟（槽、坑）下作业应按规定坡度顺序进行，使用机械挖掘时不应进入机械旋转半径内；深度大于2m时应设置人员上下的梯子，保证人员快速进出设施；两人以上作业人员同时挖土时应相距2m以上，防止工具伤人。

第十六条 高处作业基本规定及要求：

（1）高处作业人员必须身体健康，无不适应高处作业病症，无职业禁忌，高处作业的人员应每年体检一次。

（2）高处作业人员必须系好安全带、戴好安全帽；衣着要灵便，禁止穿硬底和带钉易滑的鞋；安全带应高挂低用。

（3）高处作业合理调整作息时间，避免高温时段作业，作业时设置休息时间。

（4）作业面所有可能坠落的物件，应一律先行撤除或加以固定；所用的物料均应堆放平稳，不得妨碍通行和装运；工具应随手放入工具袋；作业面应随时清理干净；严禁上下投掷工具、材料、杂物、余料和废料等。

（5）高处作业时与带电体的安全距离应符合《水利水电工程施工通用安全技术规程》（SL 398—2007）的规定。

（6）在雨天和雪天进行高处作业时，必须采取可靠的防滑、防冻措施，水、冰、霜、雪均应及时清除；在6级风以上及雷电、暴雨、大雾等恶劣气候条件下禁止进行露天高处作业。

（7）作业前应对参加高处作业的全体员工进行安全教育及技术交底，落实各项有针对性的安全技术措施。

（8）高处作业中的安全标志、工具、仪表、电气设施和各种设备，必须在施工前加以检查，确认完好后，方可投入使用。

（9）水文缆道养护作业除符合高处作业基本规定以外，还应符合下列规定：

1）严禁在雷雨天气进行缆道养护作业。

2）进行水上钢丝绳养护，除系好安全带、戴好安全帽以外，还要求作业人员穿戴救生衣。

3）严禁使用水文缆道渡人、渡物或进行与测报无关的操作，严禁超负荷运行。

（10）雨量站率定作业除符合高处作业基本规定以外，还应符合下列规定：

1）计划进行雨量站率定作业前，应注意天气情况，严禁在雷雨天气进行野外雨量站率定作业。

2）在前往雨量站率定作业过程中注意观察周围环境，设置临时防滑、防坠落的防护设施。

（11）高处安装、维护、拆除作业等施工作业除符合高处作业基本规定以外，还应符合下列规定：

1）从事登高架设作业，高处安装、维护、拆除作业的人员，必须取得特种作业资格证书。

2）脚手架的搭设和验收，必须符合《水利水电工程施工通用安全技术规程》等有关标准规定。

3）对人员活动集中和出入口处的上方应搭设防护棚。在道路和设备、设施上方或上下交叉作业区域及人和物体有坠落可能的高处作业区域进行高处作业时，应按规定要求挂设安全网。在同一坠落平面上，如必须进行上下交叉作业，中间应有隔离措施。

4）杆塔、吊桥等危险边沿进行悬空高处作业时，临空面搭设安全网或防护栏杆，且安全网随着建筑物升高而提高。

5）作业单位应制定预防高处坠落事故的安全技术措施，并报责任单位审批；现场工程项目实行监理的，由监理单位进行审批。

6）因事故或灾害在强风、异温、雨天、雾天、夜间、带电、悬空和抢救状态下进行特殊的高处作业时，要制定作业方案，应有专人监护，并应有与地面联系信号或可靠的通信装置。

第十七条 临近带电体作业基本规定及要求：

（1）施工人员、机械设备与带电线路和设备的距离必须大于最小安全距离。

（2）各种施工设备在输电线路下工作或通过时，与输电线路的安全距离不得小于表 7-1 的规定。

表 7-1 输电线路的电压等级与设备的安全距离

输电线路电压/kV	<1	10	35	110	220	330
最小距离/m	1.5	3	4	5	6	7

（3）在建工程（含脚手架）的外侧边缘与输电线路的边线之间的最小安全操作距离应符合表 7-2 所列的数值。否则，应采用屏障、遮拦、围栏或保护网等隔离措施。

表 7-2 输电线路电压等级与在建工程（含脚手架）周边的安全距离

输电线路电压/kV	<1	1～10	35～110	154～220	330～550
最小距离/m	4	6	8	10	15

(4) 旋转臂架式起重机的任何部位或被吊物的边缘与10kV以下的架空线路的边线的最小水平距离不得小于2m。

(5) 施工现场的机动车道与外电架空线路交叉时，架空线路的最低点与路面的垂直距离应不小于表7-3的规定。

表7-3　施工现场的机动车道与外电架空线路交叉时的最小安全距离

输电线路电压/kV	<1	1～10	35
最小垂直距离/m	6	7	7

(6) 对达不到以上规定的最小安全距离时，必须向有关电力部门申请停电，并向责任单位申请办理作业票后进行施工作业，如涉及高空作业，还需申请办理高处作业工作票。

(7) 临近带电体作业人员应具备下列条件：

1) 具备必要的电气知识，熟悉电力作业安全操作规程，持有效操作证。

2) 进入施工现场人员，必须戴好安全帽，并按规定佩戴安全防护用品和安全工具。作业现场应安排专人监护，对于复杂工作，应增设监护人。

3) 临近带电体作业过程中，每次开工前工作负责人均要向施工人员交代工作范围和现场安全注意事项，指明带电部位。

4) 临近带电体作业过程中，施工人员应注意与带电体保持足够的安全距离。

5) 临近带电体作业过程中，凡遇到异常情况时，不论是否与本身工作有关，均应立即停止工作，保持现状，待找出原因或确定与本工作无关后，方可继续工作。

6) 邻近带电线路施工现场负责人、安全员、技术员应到岗到位并设专责监护人，高空作业人员、电工等特殊作业人员应持证上岗。

(8) 临近带电体作业现场防护措施：

1) 临近带电体作业现场应配备足够的安全用具，且应按规定做预防性试验。

2) 临近带电体作业现场应有防感应电措施。对危险环境和工序应采取妥善的处理措施，以确保安全的施工条件和环境。

3) 进入施工现场首先设置安全施工区域，设置围栏，施工中严禁超出施工围栏进行工作或其他活动。

4) 扩建区域与相邻运行间隔与装设临时遮拦并悬挂“止步、高压危险”标示牌。临近带电体作业现场中一经攀越会有危险的地方应悬挂“禁止攀登高压危险”等标示牌。

5) 临近高压线作业区域配专职安全员对施工现场不间断巡逻监控，在车辆进入高压线区域需安排指挥倒车人员，对施工现场倒车及卸料进行安全监控。

6) 施工前做好相关协调工作，在专业人员现场监督下进行作业，落实好各项安全防护工作。落实机械、人员和安全防护设施，做好现场安全封闭和交通管制。

7) 严格遵守机械与架空线路的安全距离（水平、垂直安全距离的规定）。在临近带电区域内使用吊车、挖掘机等机械设备时，车身应使用不小于16mm的软铜线可靠接地。

8) 现场使用的安全带、钢丝绳、钢丝扣子、绞磨等工器具应有合格证，抱杆经外观检查合格后方可使用。现场的临时拉线不得穿越带电线路，地锚埋设点应在带电线路内侧边导线以内，靠近带电侧的揽风绳应使用绝缘绳。高空作业人员必须使用工具袋盛装工具材料，严禁上下抛掷工具等物件。

第十八条 起重吊装作业基本规定及要求。

(1) 起重吊装作业前按规定对设备、工器具进行认真检查；吊装机具应符合国家相关规定。

(2) 吊装作业人员（指挥人员、起重工）应持有有效的特种作业人员操作证，方可从事吊装作业指挥和操作。

(3) 吊装质量不小于40t的重物，应编制吊装作业方案。吊装物体虽不足40t，但形状复杂、刚度小、长径比大、精密贵重，以及在作业条件特殊的情况下，也应编制吊装作业方案、施工安全措施和应急救援预案。

(4) 利用两台或多台起重机械吊运同一重物时，升降、运行应保持同步；各台起重机械所承受的载荷不得超过各自额定起重能力的80%。

(5) 实施吊装作业单位的有关人员应在施工现场核实天气情况。室外作业遇到大雪、暴雨、大雾及6级以上大风时，不应安排吊装作业。

(6) 起重吊装作业的安全措施：

1) 吊装作业时应明确指挥人员，指挥人员应佩戴明显的标志；应佩戴安全帽，安全帽应符合《头部防护 安全帽》(GB 2811) 的规定。

2) 应分工明确、坚守岗位，按《起重机 手势信号》(GB 5082) 规定的联络信号，统一指挥。指挥人员按信号指挥，其他人员应清楚吊装方案和指挥信号。

3) 正式起吊前应进行试吊，试吊中检查全部机具、地锚受力情况，发现问题应将工件放回地面，排除故障后重新试吊，确认一切正常，方可正式吊装。

4) 严禁利用管道、管架、电杆、机电设备等作吊装锚点。未经有关部门审查核算，不得将建筑物、构筑物作为锚点。

5) 吊装作业中，夜间应有足够的照明。

6) 吊装过程中，出现故障，应立即向指挥者报告，没有指挥令，任何人不得擅自离开岗位。

7) 起吊重物就位前，不许解开吊装索具。

8) 利用两台或多台起重机械吊运同一重物时，升降、运行应保持同步；各台起重机械所承受的载荷不得超过各自额定起重能力的80%。

(7) 起重吊装作业人员应遵守下列规定：

1) 按指挥人员所发出的指挥信号进行操作。对紧急停车信号，不论由何人发出，均应立即执行。

2) 司索人员应听从指挥人员的指挥，并及时报告险情。

3) 当起重臂吊钩或吊物下面有人，吊物上有人或浮置物时，不得进行起重作业。

4) 严禁起吊超负荷或重物质量不明和埋置物体；不得捆挂、起吊不明质量，与其他重物相连、埋在地下或与其他物体冻结在一起的重物。

5) 在制动器、安全装置失灵、吊钩防松装置损坏、钢丝绳损伤达到报废标准等情况下严禁起吊操作。

6) 应按规定负荷进行吊装，吊具、索具经计算选择使用，严禁超负荷运行。所吊重物接近或达到额定起重吊装能力时，应检查制动器，用低高度、短行程试吊后，再平稳吊起。

7）重物捆绑、紧固、吊挂不牢，吊挂不平衡而可能滑动，或斜拉重物，棱角吊物与钢丝绳之间没有衬垫时不得进行起吊。

8）不准用吊钩直接缠绕重物，不得将不同种类或不同规格的索具混在一起使用。

9）吊物捆绑应牢靠，吊点和吊物的中心应在同一垂直线上。

10）无法看清场地、无法看清吊物情况和指挥信号时，不得进行起吊。

11）起重机械及其臂架、吊具、辅具、钢丝绳、缆风绳和吊物不得靠近高低压输电线路。在输电线路近旁作业时，应按规定保持足够的安全距离，不能满足时，应停电后再进行起重作业。

12）停工和休息时，不得将吊物、吊笼、吊具和吊索吊在空中。

13）在起重机械工作时，不得对起重机械进行检查和维修；在有载荷的情况下，不得调整起升变幅机构的制动器。

14）下方吊物时，严禁自由下落（溜）；不得利用极限位置限制器停车。

15）遇大雪、暴雨、大雾及6级以上大风时，应停止起重吊装作业。

16）用定型起重吊装机械（例如履带吊车、轮胎吊车、桥式吊车等）进行吊装作业时，除遵守本制度要求外，还应遵守该定型起重机械的操作规范。

（8）作业完毕，起重吊装作业人员应遵守下列规定：

1）将起重臂和吊钩收放到规定的位置，所有控制手柄均应放到零位，使用电气控制的起重机械，应断开电源开关。

2）对在轨道上作业的起重机，应将起重机停放在指定位置有效锚定。

3）吊索、吊具应收回放置到规定的地方，并对其进行检查、维护、保养。

4）对接班的工作人员，应告知设备存在的异常情况及尚未消除的故障。

第十九条 水上水下作业基本规定及要求。

（1）水文缆道打油作业时应符合下列规定：

1）遇大风、暴雨、雷电等恶劣天气应停止作业。

2）作业前须仔细检查吊篮是否稳定，行车连接处各个部件是否牢固，主索与锚碇的连接是否结实，确认安全方可作业。

3）缆道主索打油时，必须严格按规定戴好安全帽，系好安全带，并将安全带挂到行车上。

4）高空打油时，要戴质量较好的帆布手套，防止毛刺挂手，作业时注意和滑轮运行处保持一定的距离，防止夹手。

5）高空打油过程中，要保持高空作业人员、缆道操作人员及地面安全员的通讯畅通，发现安全隐患及时停车。作业时，应管理好吊篮里的物品物件，严防脱落伤人。

（2）水上水下施工作业时应符合下列规定：

1）作业人员必须经专业培训及特殊培训、无证人员严禁上岗。

2）作业单位应有相关资质，作业船只及设备必须检验合格后方可作业。租用的交通艇必须证照齐全，按规定配足够救生器材，有成员定员标准及乘坐规定。

3）作业使用的各种船只，按航政部门规定设置航运标志，并备有救生、消防及靠绑设备，并加以保管。

4）定时与当地气象部门联系，当6级以上大风时，停止工作，并检查加固水面上的船只和锚缆等设施。如确有需要继续作业时，采取有效措施。临水区域设置防护设施，树立有关安全警示标志。

5）每次作业前，作业人员应对所有的救生衣进行检查，确认其安全有效。作业过程中作业人员戴好救生衣，不得穿有统胶鞋、高跟鞋、带钉易滑硬底鞋，禁止单人独自作业。

6）船只在夜间应有照明设备，没有照明设备的船只，应备有防风灯及电池灯具。

7）作业人员不得向施工水域抛弃废弃物、污油、污水和垃圾。船头、船尾、船板上不得站立和骑坐，非驾驶人员，不得私自操作。

8）船按规定吨位卸载，不偏载。装载的料具符合安全规定。船到位后，靠稳拴好，搭好跳板后，方可卸料。料船之间存在空隙时，应铺脚手架或挂安全网，防止人员落水。

第五章 监督巡查内容

第二十条 工程巡查主要对本单位各在建水文站所工程项目现场及施工单位进行监督巡查。

第二十一条 对施工现场的监督巡查内容包括：

（1）安全技术措施及专项施工方案落实情况。

（2）施工支护、脚手架、吊装、临时用电、安全防护设施和文明施工等情况。

（3）安全生产操作规程执行情况。

（4）安全生产“三类人员”和特种作业人员持证上岗情况。

（5）个体防护与劳动防护用品使用情况。

（6）应急预案中有关救援设备、物资落实情况。

（7）特种设备检验与维护状况。

（8）消防、防汛设施等落实及完好情况。

（9）其他需要巡查的内容。

第二十二条 对施工单位的监督巡查内容包括：

（1）安全生产许可证、资质证书的有效性。

（2）安全生产管理制度建立情况。

（3）安全生产管理机构设立及人员配置情况。

（4）安全生产责任制落实情况。

（5）安全生产例会制度、安全生产检查制度、教育培训制度、职业卫生制度、事故报告制度等执行情况。

（6）安全生产有关操作规程制定及执行情况。

（7）施工组织设计中的安全技术措施及危险性较大的单项工程专项施工方案制定和审查情况。

（8）安全施工交底情况。

（9）安全生产“三类人员”和特种作业人员持证上岗情况。

（10）安全生产措施费用提取及使用情况。

（11）安全生产应急处置能力建设情况。

(12) 隐患排查治理、安全风险辨识、重大危险源管控等情况。

(13) 其他需要巡查的内容。

第六章　巡查实施形式

第二十三条　综合办公室安排巡查项目及巡查时间。

第二十四条　巡查由组长带班，根据检查内容分别填写检查表。

第二十五条　巡查结束后，巡查组全体成员汇总巡查记录，形成巡查结果报综合办公室和局长。

第二十六条　巡查中巡查组及时向被巡查单位（工程）反馈相关巡查情况，指出问题和隐患，有针对性地提出整改意见。

第二十七条　整改内容完成后，施工单位应及时将整改情况上报综合办公室，必要时由综合办公室负责人或原巡查组长对整改落实情况进行验证。

第七章　附　　则

第二十八条　本制度由单位综合办公室负责解释。

第二十九条　本制度自印发之日起实施。

动土作业票、高处作业票、临近带电体作业票和起重吊装作业票见表 7-4～表 7-7。

表 7-4　动 土 作 业 票

申请单位		申请人		作业票编号	
监护人					
作业时间	年　月　日　时　分至　年　月　日　时　分				
作业地点					
涉及的其他特殊作业					
作业范围、内容、方式（包括深度、面积，并附简图）：					
风险类别	高处坠落、物体打击、触电、坍塌（根据现场情况进行选择）				

序号	主要安全措施	确认人
1	作业人员作业前已进行了安全教育	
2	作业地点处于易燃易爆场所，需要动火时已办理了动火作业票	
3	地下电力电缆已确认保护措施已落实	
4	地下通信电（光）缆、局域网络电（光）缆已确认保护措施已落实	
5	地下供排水、消防管线、工艺管线已确认保护措施已落实	
6	已按作业方案图划线和立桩	
7	动土地点有电线、管道等地下设施，已向作业单位交代并派人监护，作业时轻挖，未使用铁锹、铁镐或抓斗等机械工具	
8	作业现场围栏、警戒线、警告牌、夜间警示灯已按要求设置	
9	已进行放坡处理和固壁支撑	
10	人员出入口和撤离安全措施已落实	
11	道路施工作业已报：交通、消防、安全监督部门、应急中心	

续表

序号	主要安全措施		确认人
12	备有可燃气体检测仪、有毒介质检测仪		
13	现场夜间有充足的照明		
14	作业人员已佩戴防护器具		
15	动土范围内无障碍物，并已在总图上做标记		
16	其他安全措施		
申请单位负责人意见： 签名：	有关水、电、气、设备、消防、安全等单位会签意见： 签名：	审批单位意见： 签名：	
完工验收人			
完工时间	年　月　日　时　分		

表 7-5　**高处作业票**

申请单位		申请人		作业票编号	
作业时间	年　月　日　时　分至　年　月　日　时　分				
作业内容					
作业地点					
作业高度					
填写人					
现场作业人员		监护人			
风险类别	高处坠落、物体打击（根据现场情况进行选择）				

序号	主要安全措施		确认人
1	作业人员身体条件符合要求		
2	作业人员着装符合要求		
3	作业人员佩戴劳动防护用品符合要求		
4	作业人员携带工具袋		
5	垂直分层作业时中间有隔离措施		
6	有充足的照明，安装临时灯或防爆灯		
7	现场搭设的脚手架、围栏、防护网符合安全规定		
8	30m 以上高处作业配备通信、联络工具		
9	其他安全措施		
申请单位负责人意见： 签名：	安全管理人员意见： 签名：	主管领导审批意见： 签名：	
完工验收人			
完工时间	年　月　日　时　分		

表 7－6　　临近带电体作业票

<table>
<tr><td>申请单位</td><td></td><td>申请人</td><td></td><td>作业票编号</td><td></td></tr>
<tr><td>作业时间</td><td colspan="5">年　月　日　时　分至　年　月　日　时　分</td></tr>
<tr><td>作业内容</td><td colspan="5"></td></tr>
<tr><td>作业地点</td><td colspan="3"></td><td>电压等级</td><td></td></tr>
<tr><td>现场作业人员</td><td colspan="3"></td><td>监护人</td><td></td></tr>
<tr><td>危害辨识</td><td colspan="5">触电、火灾</td></tr>
<tr><td>序号</td><td colspan="4">主要安全措施</td><td>确认人</td></tr>
<tr><td>1</td><td colspan="4">作业人员身体条件符合要求</td><td></td></tr>
<tr><td>2</td><td colspan="4">作业人员佩戴劳动防护用品符合要求</td><td></td></tr>
<tr><td>3</td><td colspan="4">作业现场采取悬挂警示标示牌和装设遮栏等安全防护措施</td><td></td></tr>
<tr><td>4</td><td colspan="4">人员与机械活动范围满足规定的安全距离要求</td><td></td></tr>
<tr><td>5</td><td colspan="4">高处作业人员携带工具袋</td><td></td></tr>
<tr><td>6</td><td colspan="4">在带电设备周围使用木尺或其他绝缘量具</td><td></td></tr>
<tr><td>7</td><td colspan="4">使用的机械、电气设备金属外壳要可靠接地</td><td></td></tr>
<tr><td>8</td><td colspan="4">其他安全措施</td><td></td></tr>
<tr><td colspan="2">申请单位负责人意见：
签名：</td><td colspan="2">安全管理人员意见：
签名：</td><td colspan="2">审批单位意见：
签名：</td></tr>
<tr><td colspan="2">完工验收人</td><td colspan="4"></td></tr>
<tr><td colspan="2">完工时间</td><td colspan="4">年　月　日　时　分</td></tr>
</table>

表 7－7　　起重吊装作业票

<table>
<tr><td>申请单位</td><td></td><td>申请人</td><td></td><td>作业票编号</td><td></td></tr>
<tr><td>作业时间</td><td colspan="5">年　月　日　时　分至　年　月　日　时　分</td></tr>
<tr><td>吊装地点</td><td colspan="3"></td><td>吊装工具</td><td></td></tr>
<tr><td>吊装人员及特殊工种作业证号</td><td colspan="3"></td><td>监护人</td><td></td></tr>
<tr><td>吊装指挥及特殊工种作业证号</td><td colspan="3"></td><td>起吊重物质量/t</td><td></td></tr>
<tr><td>吊装内容</td><td colspan="5"></td></tr>
<tr><td>危害辨识</td><td colspan="5">起重伤害</td></tr>
<tr><td>序号</td><td colspan="4">主要安全措施</td><td>确认人</td></tr>
<tr><td>1</td><td colspan="4">吊装质量不小于40t的重物和土建工程主体结构；吊装物体虽不足40t，但形状复杂、刚度小、长径比大、精密贵重，作业条件特殊，已编制吊装作业方案，请经作业主管部门和安全管理部门审查，报主管领导批准</td><td></td></tr>
</table>

续表

<table>
<tr><th>序号</th><th colspan="3">主要安全措施</th><th>确认人</th></tr>
<tr><td>2</td><td colspan="3">起重操作人员、指挥人员、司索人员持有有效的资质证书；指挥人员应佩戴鲜明的标志，并按规定的联络信号统一指挥；作业人员应坚守岗位，并按规定配电防护器具和个人防护用品</td><td></td></tr>
<tr><td>3</td><td colspan="3">作业现场应设定警戒线，指派监护人员，禁止无关人员进入警戒区域</td><td></td></tr>
<tr><td>4</td><td colspan="3">用定型起重机械（履带吊车、汽车吊车、桥式吊车等）进行起重作业，遵守该定型机械的操作规程</td><td></td></tr>
<tr><td>5</td><td colspan="3">起重作业人员应严格执行“十不吊”规定</td><td></td></tr>
<tr><td>6</td><td colspan="3">未经确认、许可，不得利用厂区管道、管架、电杆、机电设备等做起重作业锚点</td><td></td></tr>
<tr><td>7</td><td colspan="3">起重机械（履带吊车、汽车吊车、桥式吊车等）应保证完好状态</td><td></td></tr>
<tr><td>8</td><td colspan="3">检查起重设备、钢丝绳、缆风绳、链条、吊钩等各种机具，保证安全可靠</td><td></td></tr>
<tr><td>9</td><td colspan="3">起重作业现场遇到大雪、暴雨、大雾及6级以上大风，停止作业</td><td></td></tr>
<tr><td>10</td><td colspan="3">吊装绳索、缆风绳、拖拉绳等避免同带电线路接触，作业高度和转臂范围应与架空线路保持安全距离</td><td></td></tr>
<tr><td>11</td><td colspan="3">现场夜间有充足照明</td><td></td></tr>
<tr><td>12</td><td colspan="3">其他安全措施</td><td></td></tr>
<tr><td colspan="2">申请单位负责人意见：

签名：</td><td colspan="2">安全管理人员意见：

签名：</td><td>主管领导审批意见：

签名：</td></tr>
<tr><td colspan="2">完工验收人</td><td colspan="3"></td></tr>
<tr><td colspan="2">完工时间</td><td colspan="3">年　月　日　时　分</td></tr>
</table>

3. 水环境监测实验室安全管理制度

第一章　总　　则

第一条　为加强荆州市水文水资源勘测局水环境监测中心实验室安全生产管理，防止发生职业性疾病、人身伤害、火灾事故及其他造成国家或集体财产损失的事故，保护水质监测人员的健康及国家财产安全，特制定本制度。

第二条　本制度依据水利部《水环境监测实验室安全技术导则》（SL/Z 390—2007）、省水环境监测中心质量管理体系文件相关要求制定。

第三条　本制度适用于荆州市水文水资源勘测局水环境监测中心实验室安全生产管理工作，水环境监测工作的安全保障除应执行本制度外，还应符合国家现行有关标准的规定。

第二章　职　　责

第四条　水环境监测中心负责人：

（1）贯彻上级安全管理规定。

（2）为实施、控制和改进水质监测安全管理提供必要的资源。

（3）制定水环境监测中心实验室安全管理制度，确保所有危险环境得到有效控制。

第五条　实验室负责人：

（1）执行上级安全管理规定，监督检定有关的各项活动。

（2）对排除危险提供建议和技术帮助。

（3）向工作人员宣传有关水环境监测的安全管理规定及处置措施。

（4）向上级有关部门汇报工作事故。

（5）负责所有实验室工作人员相应的安全操作知识培训。

第六条　实验室安全员：

（1）执行上级安全管理规定，检查实验室与上级安全管理规定的一致性。

（2）协助实验室负责人监督执行相关的安全规章制度。

（3）负责标明所有危险工作场所的警示标志。

（4）听取实验室工作人员对安全问题的意见和建议，收集有关实验室安全问题的所有信息。

（5）报告与工作有关的安全危险信息，参与工作人员安全培训。

第七条　实验室工作人员：

（1）实验室工作人员应了解所从事工作的相关安全与卫生标准规定，遵守各项安全规章制度。

（2）保证按照工作程序完成承担的任务。

（3）按规定正确使用个人防护用品和安全设备。

（4）采取合理方法，消除或减少工作场所的不安全因素。

（5）向上级或安全员反映有关安全方面的问题、意见或建议。

（6）参加安全培训，掌握所从事工作的相关安全与卫生防护知识。

第三章　基　本　要　求

第八条　实验室无人工作时，除恒温实验室、培养箱和冰箱等需要连续供电的仪器设备外，应切断电、水、气源，关好门窗，确保安全。

第九条　实验室应保持门窗的完好，重点部位应有防火、防盗、防爆、防破坏的基本设施和措施。

第十条　实验室应保持清洁整齐，实验结束后应及时打扫实验区卫生。

第十一条　实验室安全员应定期进行实验室安全检查，发现问题及时处理，以减少耗损，杜绝隐患。

第十二条　实验室危险化学品的使用、储存、搬运、废弃物处理的要求，应符合省水环境监测中心质量管理体系文件、危险化学品管理制度、危险化学品废弃物处理制度相关规定。

第十三条　实验室资料档案管理应符合省水环境监测中心质量管理体系文件、档案管理制度和文件管理制度的相关要求，涉及电子档案资料的，还应符合计算机及网络信息安全管理制度相关要求。

第四章　仪　器　设　备　安　全

第十四条　实验室所有的仪器设备实行统一管理调度，使用仪器设备必须认真填写使用记录，发现问题及时向仪器负责人反映；各仪器设备负责人应认真维护好设备，严禁违反操作规程使用仪器设备。

第十五条　计量标准器具、测试仪器设备、玻璃器皿等的购置由使用人提出申请，实验室负责人审核后交水环境监测中心负责人批准，普通仪器设备在年初提出购置计划，临时增加的购置需求应按使用时间提前一周提出计划。

第十六条　各类仪器设备到货后由监测室主任、设备管理员、档案管理员与供应商一起开箱验收，不能自检的应请有关单位来人复检，复检合格方能接收。

第十七条　仪器设备使用时应满足以下安全要求：

（1）使用仪器前，要先检查仪器是否正常。仪器发生故障时，要查清原因，排除故障后方可继续使用。

（2）应安装符合规格的地线。

（3）大型仪器设备应配备不间断电源，以防突然断电等意外事故对设备的损坏。

（4）不应使用情况不明的电源。

（5）实验完毕后，应对仪器的安全状态进行检查。

（6）应建立仪器设备档案，包括使用说明书、验收和调试记录，初始参数，定期保养维护、校准及使用情况的登记记录等。

第十八条　玻璃器皿的使用和搬运过程中应加倍小心，防止破碎。液体加热、开启玻璃瓶塞、截断玻璃管（棒）、玻璃管（塞）的衔接、破裂玻璃器皿的处理等操作应符合安全要求。

第十九条　当测试仪器设备的技术性能降低或功能丧失、损坏时，应办理降级使用或报废手续；凡降级使用的仪器设备应由实验室提出申请，水环境监测中心负责人批准后实施，并将降级使用情况载入设备档案，已报废的仪器设备不应存放在实验室内。

第五章　用　电　安　全

第二十条　一切用电仪器设备必须绝缘良好、安全可靠，电气设施如开关、插座插头及接线板等应使用合格产品，如发现不安全，应立即停用，进行检修，严禁勉强使用。

第二十一条　实验室安全员应经常对电气设备、线路进行检查。发现老化、破损、绝缘不良等不安全情况，应及时维修，严禁使用裸线、残缺的电闸开关，电线接头不得裸露在外。

第二十二条　烘箱、电炉、马弗炉、搅拌器、电加热器、电力驱动冷却水系统等不应无人值守过夜工作。使用电炉等明火加热器时使用人员不应远离工作现场，仪器应架空散热。

第二十三条　同一个插座不宜同时使用多台仪器设备。接通或切断380V以上电源时，必须戴胶皮绝缘手套，凡使用高于110V的装置和各种铁壳的电气设备时，必须接有良好的接地线。

第二十四条　需要对墙电进行维修、改造时，应由有专业资质的人员进行操作。

第二十五条　不得用手或导电物（如铁丝、钉子、别针等金属制品）去接触、探试电源插座内部；不得用潮湿的手、湿布触摸和擦拭带电工作的电气设备，不得将使用的电气设备、导线置于潮湿的地方。

第六章 防火防爆安全

第二十六条 实验室内不宜放置过多的易燃品，易燃易爆物的实验操作应在通风橱内进行，操作人员应戴橡皮手套、防护眼镜及橡皮围裙，在蒸发、蒸馏或加热回流易燃液体过程中，分析人员绝不许擅自离开。

第二十七条 不应使用磨口塞的玻璃瓶贮存爆炸性物质，以免关闭或开启玻璃塞时因摩擦引起爆炸，必须配用软木塞或橡皮塞。

第二十八条 灼热的物品不能直接放置在实验台上，各种电加热器及其他温度较高的加热器应放置在石棉板上。

第二十九条 不慎将易燃物倾倒在实验台或地面上时，必须迅速断开附近的电炉、喷灯等加热源，立即用毛巾、抹布将流出的液体吸干，手上沾有易燃物时，应立即清洗干净。

第三十条 实验室安全员应定期检查实验室感烟探头、灭火器、灭火毯．防火沙等消防设施，确保消防设施和器材完好。任何人不应损坏和擅自挪用消防器材和设施；不应埋压和圈占室外消火栓。

第三十一条 任何人不得占用防火间距、堵塞消防通道。过道、走廊和楼梯等安全出口应保持畅通，不应堆放任何材料和杂物堵塞安全出口。

第三十二条 实验室负责人应开展职工消防知识普及教育，印发消防知识学习材料。

第七章 职业健康

第三十三条 作业场所与生活场所分开，作业场所不得住人。

第三十四条 对存在严重职业病危害的作业岗位人员进行警示教育，使其了解其岗位存在的职业病危害、预防和应急处理措施，降低或消除危害后果。

第三十五条 设置有效的通风装置，可能突然泄漏造成急性中毒的作业场所设置自动报警装置和事故通风设施。

第三十六条 涉及有害作业场所应设置安全警示标志和区域警示线，配备有效的应急防范设备和救护、抢险用品，并设置通讯报警装置。

第三十七条 及时足额落实员工劳动防护用品的发放，并督促员工合理正确地使用，对职业卫生防护设施进行经常性维修、检修，定期检测，确保正常使用。

第三十八条 对可能发生急性职业损伤的有毒、有害作业场所，应当设置安全警示标志，配置现场急救用品。

第三十九条 需对有毒物品的生产装置进行维护和检修时，应事先制订维护检修方案，制订职业中毒防护措施，确保检修人员生命安全和身体健康。

第四十条 从事接触职业病危害的作业员工，组织上岗前、在岗期间和离岗时的职业健康检查，并将检查结果书面告知员工。对职业病患者、观察对象、职业禁忌症按规定复查。涉及危害作业的人员，离开原单位时，原单位应将职业健康监护档案复印件无偿提供给员工。

第四十一条 发现职业病病人或者疑似职业病病人时，及时向当地省级卫生行政部门和安全生产监督管理部门报告。

第八章　资　料　安　全

第四十二条　水环境监测中心各部门应按职责分工，对已完成的监测与质量活动，按照规定的记录格式认真记录，并应定期整理和收集。

第四十三条　记录经整理后，应及时交档案管理人员存档，并应认真履行交接手续，记录的保存和管理应便于查阅，避免损坏、变质或遗失。

第四十四条　记录应存放在指定场所，存放记录的场所应干燥整洁，具有防盗、防火设施，室内应严禁吸烟或存放易燃易爆物品；外来人员未经许可不应进入。

第四十五条　记录管理应遵循以下规定：

(1) 资料归档时应统一编号，且按保存期长短分类。应长期保存的资料包括：国家、地区、部门有关水环境、水资源质量监测工作的政策、法令、法规和规定；产品技术、质量标准；检测规程规范、细则、作业指导书；计量检修规程、检验方法；仪器说明书、计量检定合格证书；仪器设备验收、维修、使用、降级、报废的记录；仪器设备明细表和台账。定期保存的资料有：各类检测原始记录，各类检测报告，用户反馈意见及处理结果，样品入库、发放及处理登记本；检测报告发放登记等。

(2) 分析测试人员如需借阅资料，应办理借阅手续；原始资料未经技术负责人许可，不允许复制；外单位人员一般不得借阅和复制记录，确因需要应经实验室负责人批准。

(3) 借阅、复制记录应办理登记手续，借阅人不应泄密和转移借阅，不应在记录上涂改、划线等，阅后应及时交还保管人员。借阅人员未经许可不应复制、摘抄或将记录带离指定场所；不应查阅审批以外的其他无关记录。

(4) 超过保存期的技术资料应分门别类造册登记，经实验室负责人批准后才能销毁。

第四十六条　电子记录的安全保密应符合以下规定：

(1) 本部门计算机和自动化设备应只允许内部指定人员进行操作。

(2) 设备责任人对数据安全、保密应负有责任，非授权人员不应上机操作。

(3) 每次开机和使用移动存储介质前均应进行一次计算机病毒的查杀。

(4) 未安装防火墙的上网计算机，不应存储重要数据。

(5) 按文件类别分别建立目录和子目录，并应对重要数据进行加密管理。

(6) 计算机管理员应定期检查和备份电子记录。

第九章　应　急　救　援

第四十七条　发生割伤时，应立即用双氧水、生理盐水或75%酒精冲洗伤口，待仔细检查确认没有异物后方可用止血粉、消炎粉等药物处理伤口。

第四十八条　发生休克时，应使伤者平卧，抬起双脚，解开衣扣，注意保温；如果呼吸微弱或停止时，可施行人工呼吸或输氧，同时应联系急救车迅速送医院治疗。

第四十九条　烧伤和灼伤可按以下方法进行急救：

(1) 一度症状为皮肤红痛、浮肿：应立即用大量清水洗净烧伤处，然后涂抹烧伤药物。

（2）二度症状为起水泡：应立即用无菌绷带缠好，并马上就医。

（3）三度症状为坏疽，皮肤呈现棕色或黑色，有时呈白色：应立即用无菌绷带缠好，并马上就医。

第五十条　急性化学中毒可进行如下抢救：

（1）吸入化学品后，应立即将中毒人员转移到空气新鲜处；如呼吸停止，应进行人工呼吸，尽快就医。

（2）误食化学品后，应立即漱口、催吐，并尽快就医。可使用鸡蛋、牛奶等解毒剂，中和或改变毒物的化学成分，从而减轻毒物对人体的损害作用。

（3）发生剧毒性、可燃性或不确定性物质喷溅以及喷溅物多于1L时，应立即采取处置措施和实施救助。

第五十一条　发现有人触电时应设法及时切断电源，或者用干燥的木棍等物将触电者与带电的电器分开，不应用手直接救人。电线走火时，应立即切断电源，不应直接泼水灭火。

第五十二条　实验室发生火灾时，工作人员应采取以下灭火措施和疏散方法：

（1）电器或气瓶爆炸引起火灾时，应立即切断电源、气源开关，并迅速移走周围的可燃物品，不应使用水和泡沫灭火器。

（2）应设法隔绝火源周围的空气，降低温度至低于可燃物的着火点。

（3）如果工作人员身上着火，不应奔跑，应设法脱掉衣服或卧地打滚，将身上火苗熄灭；就近用水或灭火器。

（4）根据火势的大小采取有效措施及时扑灭火焰。火势较小时，可用湿抹布等灭火；火势较大时，则应根据供烧物的性质，使用不同方法和灭火器灭火。

（5）当火势难以自行控制时，应立即拨通火警“119”报警，同时组织人员尽快撤离现场。

第五十三条　化学试剂（如酸、碱）粘上皮肤时，应采取以下处理方法：

（1）有毒物质、稀酸、碱等物质粘上皮肤时，可以立刻用清水清洗。

（2）浓硫酸等遇水有严重反应的化学品黏上皮肤时，应立即用干抹布抹去化学品，再用大量清水冲洗。

第五十四条　化学试剂（如酸、碱）发生泄漏时，应采取以下处理方法：

（1）首先考虑采用转移法：将事故容器内的溶液，转移到安全的容器内。

（2）泄漏至地面时，应用沙土进行堵截，并用熟石灰对地面上的酸液进行中和，用盐酸对地面存在的碱液进行中和。

（3）处理酸碱药品泄漏时，做好个人的安全防护。

第十章　附　　则

第五十五条　本制度由综合办公室负责解释。

第五十六条　本制度自印发之日起执行。

4. 水文测验安全生产管理制度

第一章　总　　则

第一条　为规范荆州市水文水资源勘测局水文测验安全生产管理，防止和减少生产安全事故，根据《中华人民共和国安全生产法》《湖北省安全生产条例》等法律法规，结合水文测验实际，特制定本制度。

第二条　本制度适用于荆州市水文水资源勘测局水文测验中各水文要素的采集、处理、传输、存储等生产过程的安全管理，水文测验设施设备的安全，水文测验作业区的安全警示标识。

第二章　职　　责

第三条　勘测科为荆州市水文水资源勘测局水文测验工作归口管理部门。

（1）负责本单位水文测验具体工作。

（2）负责制定水文测验工作制度，编制水文测验工作方案。

（3）负责水文测验资料的收集、整理及汇编工作。

（4）负责水文测验设施设备的使用、维护、保养及报废等工作。

第四条　各水文站（队）：

（1）负责本站（队）管理范围内的水文测验任务，按照测验规范要求，进行各水文要素的测验，认真填写记录。

（2）负责本站（队）管理范围内水文测验设施设备的使用及维护保养，发现问题及时上报勘测科。

（3）负责本站（队）人员水文测验知识培训。

第三章　基　本　要　求

第五条　勘测科根据法律法规及国家行业标准，制定水文测验生产的有关安全生产的规章制度和操作规程。

第六条　定期对水文测验岗位人员进行安全生产教育培训，保证水文测验人员具备必要的安全生产知识，熟悉有关的规章制度和操作规程。

第七条　对水文测站新进人员进行“三级”安全教育培训。

第八条　对新投入的水文测验生产的新设施设备，设施设备的管理和操作人员应进行专门的安全技术和操作培训。

第九条　水文测验工作中应为测验人员配备必要的安全防护、劳动防护用品，并定期进行检查，确保防护用品正常使用。

第四章　水文测验环境管理

第十条　水文测站工作区域应设置警示标志、标识，宜设立保护隔离设施，与周围环境进行隔离，防止其他人员进入，保护水文测验环境安全。

第十一条　缆道跨越道路，应设置警示标志、标识，操作缆道时应进行观望，防止安全事故发生。

第十二条　将站房出租的，荆州市水文水资源勘测局应与承租单位签订专门的安全生产管理协议，或在租赁合同中约定有关安全生产管理事项，明确双方的安全职责。

第十三条　委托看管站的应对委托看护人进行必要的安全生产教育，在委托看管协议中约定有关安全管理事项，明确双方的安全职责。

第五章　水文测验生产管理

第十四条　在坠落高度基准面 2m 以上进行高处作业时，应使用安全带，在大风、大雨、大雾天气不允许进行高空作业，严禁无特种作业操作证人员进行高空作业。

第十五条　进行水位人工观测、流量测验等涉水测验时，应使用相应的安全防护、劳动防护用品，按照测站测洪方案规定，进行水文测验。

第十六条　桥上测验时，应在测验工作区域设置具有反光功能的警示标志、标识，测验人员应使用具有反光功能的救生衣，提示行人、车辆注意安全。

第十七条　进行巡测、巡检、应急监测，应做好交通工具的安全检查，防止发生交通事故。

第十八条　进行缆道测流、野外测验时遇强雷电天气，应中断测验工作，做好安全防护，确保人员安全、测验设施设备安全。

第六章　水文测验设施设备管理

第十九条　应按照《水文专业仪器设备管理标准（暂行）》要求，做好仪器设备的存放、保养、管理，保障仪器设备能正常运行。

第二十条　应按照《缆道室管理标准（试行）》《水位观测室及其设施管理标准（试行）》《水文站仪器室管理标准（试行）》要求，做好设施设备的安全防护，保障设施设备安全。

第二十一条　应按照《湖北省水文测站运行维护管理暂行办法》要求，定期对水文测站进行巡检、巡查，排查安全隐患、保护水文测验设施设备，保障水文测验工作正常开展。

第七章　应急救援及调查处理

第二十二条　勘测科应制定水文测验生产安全事故应急救援预案，成立应急救援队，建立应急救援体系。每年至少组织一次应急救援演练。

第二十三条　发生水文测验生产安全事故后，事故现场有关人员应当立即报告本单位负责人。单位负责人接到事故报告后，应迅速采取有效措施，组织救援，并立即向省中心建设与安监处如实报告。

第二十四条　水文测验生产安全事故的调查、对事故责任单位和责任人的处理，按照有关法律、法规的规定执行。

第八章　附　　则

第二十五条　本制度由勘测科负责解释。

第二十六条　本制度自印发之日起实施。

（三）制度上墙

荆州市水文水资源勘测局安全管理制度上墙如图7－3所示。

三、应急预案

（一）预案分类

1. 综合应急预案

2. 专项应急预案

（1）人身伤亡事故专项应急预案。

（2）火灾、爆炸事故专项应急预案。

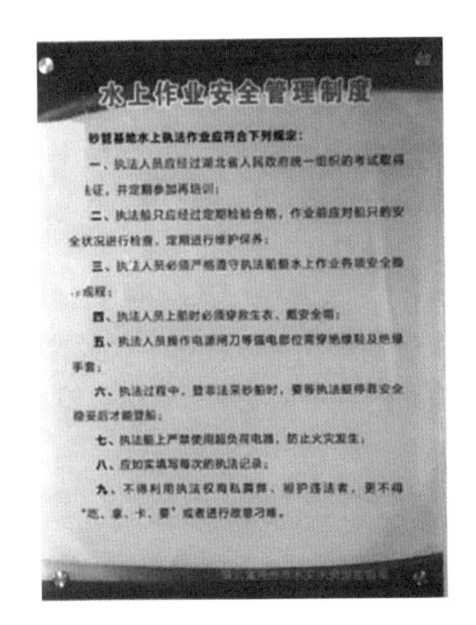

图 7-3　荆州市水文水资源勘测局安全管理制度上墙

（3）交通事故专项应急预案。

（4）突发公共卫生事件专项应急预案。

（5）群体性事件专项应急预案。

（6）触电事故专项应急预案。

（7）水上作业事故专项应急预案。

（8）防范恐怖袭击事件专项应急预案。

（9）恶劣天气专项应急预案。

（10）危险化学品事故专项应急预案。

（11）网络与信息安全突发事件专项应急预案。

（12）突发水污染事件专项应急预案。

（13）突发事件水文监测专项应急预案。

3. 现场处置方案

（1）危险化学品泄漏现场处置方案。

（2）水环境监测室火灾事故现场处置方案。

(3) 办公及生活区域火灾事故现场处置方案。

(4) 玻璃仪器割伤现场处置方案。

(5) 溺水事故现场处置方案。

(二) 关键预案示例

危险化学品事故专项应急预案

1. 事故风险分析

1.1　事故类型

在进行水环境监测实验以及在危险化学品日常管理中如果因操作不当或存放不合理，将会造成危险化学品外泄，有可能发生火灾、爆炸和人员中毒、窒息、伤亡等事故。

1.2　危险程度分析

荆州市水文水资源勘测局水环境监测室日常使用危险化学品主要如下：

(1) 剧毒化学品：三氧化二砷、氰化钾、氯化汞等。

(2) 易制毒化学品：1-苯基-2-丙酮、黄樟素、丙酮、高锰酸钾、硫酸、盐酸等。

(3) 易燃易爆气体：乙炔。

(4) 窒息性气体：氩气、氮气。

(5) 强酸、强碱腐蚀性物质：盐酸、硝酸、硫酸和氢氧化钠等。

在水环境监测过程中，所用到的危险化学品具有腐蚀性强、挥发性强、易燃、易爆、有毒等特点，这些药品在使用过程及贮藏过程中，如果因操作不当或存放不合理，将会造成危险化学品外泄。有可能发生火灾、爆炸和人员中毒、伤亡等严重后果。

1.3　事故分级

按照事故性质、严重程度、可控性和影响范围等因素，危险化学品事故分为三级，即Ⅰ级、Ⅱ级、Ⅲ级。

(1) Ⅰ级事故。危险化学品事故造成3人以上重伤或死亡事故，或造成直接经济损失50万元以上。

(2) Ⅱ级事故。危险化学品事故造成10人以上轻伤或3人以下重伤，或造成直接经济损失10万元以上50万元以下。

(3) Ⅲ级事故。危险化学品事故造成5人以上10人以下轻伤，或造成直接经济损失10万元以下。

本预案有关数量的表述中，“以上”含本数，“以下”不含本数。

发生5人以下轻伤事故，原则上不启动应急响应，根据分级负责、属地为主原则，由荆州市水文水资源勘测局水环境监测中心应急领导小组相关人员成立现场应急指挥部，指挥长率队现场指导事故应急处置和对事故的调查工作，指挥长率队现场指导事故应急处置和对事故的调查工作。

2. 应急指挥组织机构及职责

2.1　应急组织体系

2.1.1　危险化学品事故应急管理领导小组

组　长：×××　党委书记、局长

副组长：×××　副局长、安全生产分管领导

×××　纪委书记
×××　副局长
×××　总工程师
成　员：×××　综合办公室主任
×××　信息科科长
×××　水资源科科长
×××　水情科科长
×××　勘测科科长
×××　财务科副科长
×××　××水文站站长
×××　××水文站站长
×××　××水文站站长
×××　××水文站站长

2.1.2　应急管理办公室

应急管理办公室设在局综合办公室，作为应急管理领导小组的日常办事和综合应急协调保障机构，组成如下：

主　任：×××
成　员：×××　×××　×××　×××

2.1.3　应急救援队伍组成

现以各单位、科室人员为主，成立局兼职应急救援队伍，共设立5个救援小组，由相关的负责部门组织人员并进行培训。

1. 警戒保卫、通信联络组
组长：×××
组员：×××　×××

2. 医疗救护组
组长：×××
组员：×××　×××

3. 专业抢险组
组长：×××
组员：×××　×××

4. 宣传报道组
组长：×××
组员：×××　×××

5. 后勤保障、善后处理组
组长：×××
组员：×××　×××

2.2　应急指挥机构的职责

2.2.1　危险化学品事故应急管理领导小组职责

（1）决定启动、终止本预案。

（2）负责统一领导、协调各水环境监测中心危险化学品事故应急处置和救援工作。

（3）分析、研究危险化学品事故的有关信息，对事故处理过程中的重要举措进行决策。

（4）负责组织调配水环境监测中心危险化学品事故应急资源。

（5）负责组织与外部应急力量、政府部门联系。

2.2.2　危险化学品事故应急管理办公室应急职责

（1）执行应急管理领导小组的有关工作安排。

（2）接收、分析危险化学品事故相关信息，汇总后向应急管理领导小组报告，以供参考、决策。

（3）协助应急管理领导小组组织、协调危险化学品事故应急处置和救援工作。

（4）负责新闻发布和上报材料的起草工作，根据危险化学品事故应急管理领导小组的意见，向政府相关部门报告应急救援工作情况。

2.2.3　应急救援工作组职责

1. 警戒保卫、通信联络组

制定、发布治安保卫方案，维护应急、加强重点部位保卫；指挥治安管理队伍，必要时对事故区域进行封闭，实施交通管制。

调动各种通信设施，采用各种手段、确保应急期间内外通信畅通；组织抢修队伍，及时抢修与维护通信系统。

2. 医疗救护组

做好医疗救护准备及紧急救援药品的管理；在医疗人员赶到现场之前对伤病人员做好紧急救护，及时做好转送；做好救护车辆及医疗人员、器械的指引和协助工作；做好传染病的防治和控制措施。

3. 专业抢险组

事故发生后迅速组织力量对现场人员和物资实施救援，针对不同场地及时采取有效的抢救，在专业救援人员到来之前采取各种措施控制事故发展，防止事故扩大；判断事故发生的潜在危险，及时排除各类隐患；事故抢救过程中注意保护事故现场及有关证据。

4. 宣传报道组

会同应急管理办公室组织制定生产安全事故新闻宣传工作方案并组织实施，牵头组织召开新闻发布会、通气会，会同应急管理办公室起草新闻通稿、拟定答问口径、发布事故相关信息；向省中心报告生产安全事故信息和事故处置进展情况；协助应对媒体。

5. 后勤保障、善后处理组

贯彻应急管理领导小组的应急决策；做好紧急情况发生时必要物质的储备，采购与发放工作；针对突发事故提出物资保障方案；为事故救援提供所需的必要物资，并随应急工作的进展保障物资供应；救援中应急资金和其他后勤保障工作。

负责应急过程中的员工安置工作；负责调查人员伤亡和设备、设施损害情况，统计灾害损失，进行灾害评估；负责指导督促水环境监测中心落实因工（公）伤残抚恤政策工作；及时做好保险理赔事务。

3. 处置程序

3.1　预警

3.1.1　预警监测

（1）综合办公室及水环境监测中心开展危险化学品相关知识的安全教育培训，以危险化学品的使用及注意事项为重点，制定切实可行的安全教育培训计划，不断提高员工的安全意识以及自觉遵守规章制度的责任意识和法治意识。

（2）水环境监测中心应加强水环境监测室的防火重点部位、重大消防隐患区域、消防通道、通风设施、可燃气体报警器等的日常巡视检查工作，发现隐患，及时报告。

（3）运用科学的技术来帮助危险化学品的储存管理，通过药品间的视频监控，便于观察药品间内的情况，发现异常，及时处理并上报。

3.1.2　预警分级

危险化学品事故预警按照事故可能造成的危害程度、紧急程度和发展态势等因素，分为Ⅰ级预警、Ⅱ级预警、Ⅲ级预警，分别对应相应的事故等级。

3.1.3　预警发布

（1）值班负责人收到可能发生危险化学品事故的相关信息后，及时向应急管理领导小组办公室反馈，应急管理办公室分析险情信息，提出预警发布建议，经应急管理领导小组组长批准后，由应急管理办公室主任发布预警信息。

（2）预警信息应通过电话、应急救援管理系统等及时予以发布，并根据情况变化适时调整预警级别。

（3）预警信息包括危险化学品事故可能造成影响的范围、警示事项、应采取的措施等。

（4）具体事故预警信息发布流程见图7-3。

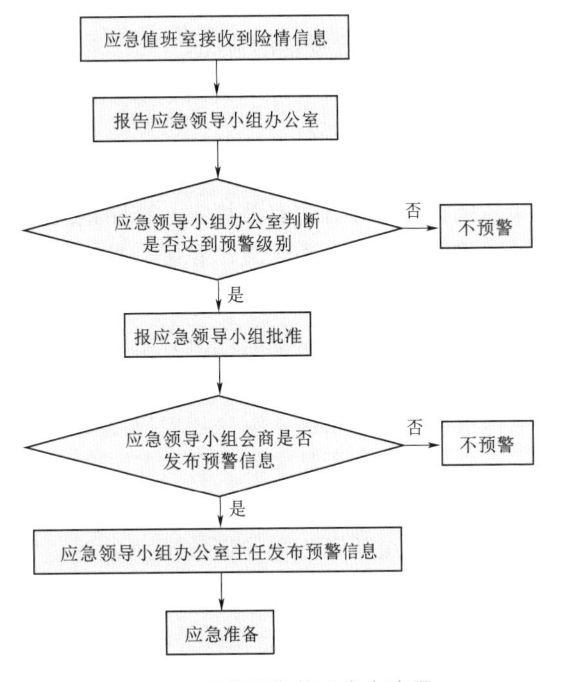

图7-3　事故预警信息发布流程

3.1.4　预警行动

进入预警状态后，水环境监测中心按照要求检查确认各类个人防护用品、医疗设备、通信装备、消防设备设施、检测设备等配备齐全。通知各应急处置人员待命，做好危险化学品应急处置准备，确保发生危险化学品事故时能立即进行应急处置。认真对水环境监测室危险化学品储存情况、通风设施、消防设备设施等进行隐患排查，及时消除隐患。

3.1.5　预警结束

当危险化学品事故危险已经消除，经评估确认不再构成威胁，危险化学品事故应急领导小组办公室下达预警结束指令。

3.2　信息报告

（1）24小时应急值班电话：×××××××（应急管理办公室电话）。

（2）发生危险化学品事故时，事故现场有关人员应立即通过值班电话报告应急管理办公室；应急管理办公室接到事故报告后，应及时报告本单位负责人。

（3）报告应采取书面方式，情况紧急时可先进行口头报告，稍后再补充书面报告。

（4）危险化学品事故报告应当及时、准确、完整，任何单位和个人不得迟报、漏报、谎报或者瞒报，报告应当包括下列内容：

1）事故发生单位概况。

2）事故发生的时间、地点以及现场情况。

3）事故的简要经过、初步原因和事故性质。

4）事故已经造成或者可能造成的伤亡人数（包括下落不明的人数）和初步估计的直接经济损失。

5）已经采取的措施。

6）信息报告人员的联系方式。

7）其他应当报告的情况。

（5）事故报告后出现新情况的，应当及时补报。

3.3　应急响应

3.3.1　响应分级

依据国家和行业有关规定，按照危险化学品事故的性质、严重程度、可控性、影响范围，将应急响应分为Ⅰ级、Ⅱ级、Ⅲ级，作为突发事件处置和信息报送的依据。发生突发事件，由应急管理领导小组确定响应级别。

发生危险化学品事故，由省中心启动Ⅰ级响应，荆州市水文水资源勘测局应急管理领导小组相关人员成立现场应急救援临时指挥部，上级救援指挥到达现场时，接受上级应急指挥机构调配和指挥，配合开展应急处置。

发生危险化学品事故，启动Ⅱ级响应，由荆州市水文水资源勘测局应急管理领导小组相关人员与事故单位应急领导小组相关成员共同组成事故现场临时应急救援指挥部，由应急领导小组组长率队指导事故应急处置，指挥部根据应急处置情况可提升或降低响应级别。上级主管部门组织应急处置时，接受上级应急指挥机构调配和指挥，配合开展应急处置。

发生危险化学品事故，启动Ⅲ级响应，由事故单位应急领导小组相关成员共同组成事故现场应急救援指挥部，由应急领导小组组长率队指导事故应急处置。指挥部视应急处置情况可提升响应级别。

当生产安全事故超出荆州市水文水资源勘测局应急处置能力的，由应急领导小组迅速报告省中心及当地人民政府有关部门，请求支援，并配合做好应急处置工作。在上级救援力量没有到达前，应急总指挥应先按本预案进行先处理。

3.3.2　响应程序

响应程序按过程可分为接警、响应级别确定、应急启动、应急处置、应急恢复和应急结束等几个过程。

（1）接警。应急管理办公室接到危险化学品事故报警时，应做好详细记录，并报告荆州市水文水资源勘测局应急领导小组。

（2）响应级别确定。荆州市水文水资源勘测局应急领导小组接到危险化学品事故报告后，应立即根据报告信息，对警情做出判断，确定响应级别。

（3）应急启动。应急响应级别确定后，应急管理领导小组启动相应预案，组建危险化学品事故应急救援指挥部，应急管理办公室启动相应应急程序，通知各应急救援小组开展应急处置。

4. 处置措施

4.1 应急处置基本原则

荆州市水文水资源勘测局机关和水环境监测中心在危险化学品事故预防与应急处置工作中必须贯彻以下工作原则。

（1）人员疏散撤离，确保人员安全健康。

（2）立足自救，统一指挥。

（3）以人为本，减少危害。

（4）阻断泄漏及燃烧途径，防止事故灾害扩大。

（5）做好监控与预防工作，消除事故隐患。

4.2 先期处置

危险化学品事故发生后，事发区域现场负责人应迅速启动现场处置方案，开展先期应急处置，当发生危险化学品泄漏时，迅速将泄漏污染区内无关人员引导撤离至安全区。查清是否有人留在污染区。

当现场有人受到化学品伤害时，应立即进行以下处理：

（1）迅速将患者脱离现场至空气新鲜处。

（2）呼吸停止时立即进行人工呼吸；心脏骤停，立即进行心脏按压。

（3）皮肤污染时，脱去污染的衣服，立即用大量流动清水彻底、反复冲洗。

（4）头面部灼伤时，要注意眼、耳、鼻、口腔的清洗。

（5）当人员发生烧伤时，应迅速将患者衣服脱去，用大量流动清水冲洗降温，用清洁布覆盖创伤面，避免创面污染；不要任意把水疱弄破。患者口渴时，可适量饮水或含盐饮料。

经现场初步处理后，应迅速护送至医院救治。

4.3 应急处置

4.3.1 Ⅰ级应急处置

发生交通事故，由省中心启动Ⅰ级响应，荆州市水文水资源勘测局应急管理领导小组相关人员成立现场应急救援临时指挥部，上级救援指挥到达现场时，接受上级应急领导小组调配和指挥，配合开展应急处置。

4.3.2 Ⅱ级应急处置

（1）在现场应急指挥部的统一指挥、协调下，各应急工作组按照各自职责迅速、有序开展应急处置工作，并及时向总指挥汇报处置进展情况。

（2）现场应急指挥部综合分析现场危险化学品情况，制定详细具体的应急处置方案，指导指挥协调应急处置工作。

（3）专业抢险组在保证自身安全的前提下，组织人员搜救、解救被困受伤人员，并及时转移至安全区域。

（4）组织人员及时切断事故现场电力、燃气，隔离、转移周围易燃易爆物，防止事故加剧，引发火灾、爆炸等事故发生。

（5）危险化学品事故发生后，警戒保卫组在现场划定警戒区域、设置警示线，维护现场秩序，防止无关人员进入，保证应急处置工作顺利进行。

（6）专业抢险组要重视事故现场周围布局及时疏散易燃易爆物资及一些贵重设备及物品等，移开其他化学品，作相应隔离，防止泄漏危险化学品与其他能发生化学反应的物质接触。疏散出来的物资集中存放到安全地点，指定专人看管，防止丢失。

（7）宣传报道组安排人员负责事故视频、音像、文字资料的采集，固定相关证据，保护现场痕迹物证，便于事后事故调查。

（8）后勤保障组组织人员迅速调拨救援所需的交通通信工具、消防器材设备、药品等应急物资设备。

（9）应急管理领导小组按规定及时向上级、有关部门汇报事故情况，并根据事态发展情况，在应急扩大时寻求、协调外部支持。

（10）根据危险化学品事故影响程度，联系附近医疗机构，请求提供支援或给予指导和帮助。

（11）在必要的情况下，根据应急管理领导小组授权批准，综合办公室负责事故的宣传报道工作，负责召开发布会及时发布应急处置进展情况并回应媒体、公众质询。

（12）善后处置组及时跟踪受伤人员治疗、康复情况，为伤者提供医疗便利和心理安抚并做好保险理赔工作。

（13）由危险化学品泄漏导致引发的火灾事故，应根据《水环境监测室火灾事故现场处置方案》开展应急处置工作。

4.3.3　Ⅲ级应急处置

（1）在综合办公室负责人的统一指挥、协调下，按照各自职责迅速、有序开展应急处置工作，并及时向办公室负责人汇报处置进展情况。

（2）迅速搜索、解救现场被困受伤人员，并转移至安全区域进行妥善处理。

（3）积极组织现场人员进行撤离，按照疏散路线转移至安全区域。

（4）划定警戒区域、设置警示线，做好现场的警戒、引导工作，维护现场秩序。

（5）收集相关视频、影像证据。

（6）及时调配、发放应急处置物资、器材、设备，保证应急处置工作需要。

（7）当危险化学品事故扩大超出综合办公室应急处置能力时，应及时向应急管理领导小组报告，建议扩大应急响应。

4.4　后期处置

（1）综合办公室和财务科积极稳妥、深入细致地做好各项善后处理工作，按照国家相关规定给予抚恤、补偿和补助，开展保险理赔及事故现场的整理、清理、恢复等工作。

（2）医疗救护组应配合医疗人员做好受伤人员的紧急救护工作。

（3）专业抢险组、警戒保卫组联合做好现场的保护、拍照等善后工作。

5．附件

相关附件见表7－8和表7－9。

表7－8　荆州市水文水资源勘测局危险化学品事故应急响应相关单位和人员通信录

序号	姓名	单　位	岗　位	手　机	备注
1	×××	荆州市水文水资源勘测局	党委书记、局长	×××××××××××	组长
2	×××	荆州市水文水资源勘测局	副局长、安全生产分管领导	×××××××××××	副组长
3	×××	荆州市水文水资源勘测局	纪委书记	×××××××××××	副组长
4	×××	荆州市水文水资源勘测局	副局长	×××××××××××	副组长
5	×××	荆州市水文水资源勘测局	总工程师	×××××××××××	副组长
6	×××	荆州市水文水资源勘测局	综合办公室主任	×××××××××××	成员
7	×××	荆州市水文水资源勘测局	信息科科长	×××××××××××	成员
8	×××	荆州市水文水资源勘测局	水资源科科长	×××××××××××	成员
9	×××	荆州市水文水资源勘测局	水情科科长	×××××××××××	成员
10	×××	荆州市水文水资源勘测局	勘测科科长	×××××××××××	成员
11	×××	荆州市水文水资源勘测局	财务科副科长	×××××××××××	成员
12	×××	荆州市水文水资源勘测局	××水文站站长	×××××××××××	成员
13	×××	荆州市水文水资源勘测局	××水文站站长	×××××××××××	成员
14	×××	荆州市水文水资源勘测局	××水文站站长	×××××××××××	成员
15	×××	荆州市水文水资源勘测局	××水文站站长	×××××××××××	成员

表7－9　荆州市水文水资源勘测局危险化学品事故应急救援队伍主要人员名录

序　号	岗　位	姓　名	手　机	备　注
一、警戒保卫、通信联络组				
1	组长	×××	×××××××××××	
2	组员	×××	×××××××××××	
3	组员	×××	×××××××××××	
二、医疗救护组				
1	组长	×××	×××××××××××	
2	组员	×××	×××××××××××	
3	组员	×××	×××××××××××	

续表

序　号	岗　位	姓　名	手　机	备　注
三、专业抢险组				
1	组长	×××	×××××××××××	
2	组员	×××	×××××××××××	
3	组员	×××	×××××××××××	
四、宣传报道组				
1	组长	×××	×××××××××××	
2	组员	×××	×××××××××××	
3	组员	×××	×××××××××××	
五、后勤保障、善后处理组				
1	组长	×××	×××××××××××	
2	组员	×××	×××××××××××	
3	组员	×××	×××××××××××	

突发事件水文监测专项应急预案

1　事故风险分析

1.1　事件类型

勘测局在发生下述突发事件之一时，应启动本预案。为省水利厅、省中心及时提供高效、准确、翔实的技术数据支撑，最大限度地降低污染事故危害程度。

（1）危及供水安全、破坏生态环境的水污染事件。

（2）江河洪水以及降雨引起的山洪、泥石流、滑坡事件。

（3）渍涝、干旱及城镇供水危机事件。

（4）堤防决口、水闸倒塌、行洪分洪等事件。

（5）其他突发公共水事件。

1.2　危害程度分析

突发事件可能导致的后果主要有以下几个方面：

（1）可能会威胁事件影响范围内人员的健康，造成人员中毒甚至死亡。

（2）可能导致水土流失、土地沙漠化、土壤盐碱化、生物多样性减少，引发泥石流等地质灾害，还可能导致群体性突发事件。

（3）突发事件若得不到很好的处置，可能会引发其他突发事件，如群体性社会安全事件等。

1.3　事件分级

依据湖北省水情预警发布管理办法，根据事故严重程度、可控性和影响范围等因素，荆州市水文水资源勘测局将事件分为三级，即Ⅰ级、Ⅱ级、Ⅲ级。

（1）Ⅰ级事件。

1）出现特大暴雨（是指12小时内降水量不小于140mm、24小时内降水量大于等于

250mm 的降雨过程）并发生特大洪水（是指出现 50 年一遇及以上的洪水）。

2）发生流域性洪水、出现特大暴雨并发生特大洪水；水文机构或防汛部门发布洪水红色预警。

3）某地或多地同时出现特大暴雨并发生特大洪水。

4）某市境内全市各县（市、区）均发生特大干旱。

5）干流及城市饮用水源地严重污染。

（2）Ⅱ级事件。

1）出现大暴雨（是指 12 小时降水量 70～140mm、24 小时降雨量 100～250mm 的降雨过程）并发生大洪水（是指出现 20 年一遇及以上且小于 50 年一遇的洪水）。

2）大部分河流同时出现大暴雨并发生大洪水；水文机构或防汛部门发布洪水橙色预警。

3）多地同时出现大暴雨并发生大洪水。

4）2 个县（市、区）同时发生严重洪涝、泥石流、灾害。

5）干流及城市水源地重度污染。

6）2 个县（市、区）发生特大干旱。

（3）Ⅲ级事件。

1）出现大暴雨（是指 12 小时降水量 30～70mm、24 小时降雨量 50～100mm 的降雨过程）并发生较大洪水（是指出现 5 年一遇及以上且小于 20 年一遇的洪水）。

2）部分河流、大部分地方出现暴雨并发生较大洪水；水文机构或防汛部门发布洪水黄色预警。

3）多个水文站队同时出现暴雨并发生较大洪水。

4）个别或部分县（市、区）发生洪涝、泥石流、灾害。

5）个别或部分河流受到重度污染。

6）个别或部分县（市、区）发生特大干旱。

2　应急指挥机构及职责

2.1　应急指挥机构体系

2.1.1　突发事件水文监测应急监测领导小组

组　长：×××　党委书记、局长

副组长：×××　副局长、安全生产分管领导

×××　纪委书记

×××　副局长

×××　总工程师

成　员：×××　综合办公室主任

×××　信息科科长

×××　水资源科科长

×××　水情科科长

×××　勘测科科长

×××　财务科副科长

×××　××水文站站长

×××　××水文站站长

×××　××水文站站长

×××　××水文站站长

2.1.2　应急监测办公室

应急监测办公室设在局水资源科，作为应急监测领导小组的日常办事和综合应急协调保障机构，组成如下：

主　任：×××

成　员：×××　×××　×××　×××

2.1.3　应急救援队伍组成

现以各单位、科室人员为主，成立局兼职应急救援队伍，共设立5个救援小组，由相关的负责部门组织人员并进行培训。

1. 水文情报组

组长：×××

组员：×××　×××

2. 水文监测组

组长：×××

组员：×××　×××

3. 水质监测组

组长：×××

组员：×××　×××

4. 宣传报道组

组长：×××

组员：×××　×××

5. 后勤保障组

组长：×××

组员：×××　×××

2.2　应急组织机构职责

2.2.1　突发事件水文监测应急监测领导小组职责

（1）负责指挥、组织、指导突发事件水文应急监测工作。

（2）在组长的统一指挥下，研究重大水情抗洪、突发灾害性事件对策，审查抗洪抢险、突发灾害性事件新闻，以及组织新闻发布会，传达贯彻上级对抗洪救灾、突发灾害性事件的工作指示。

（3）具体负责水文应急监测工作的组织、测洪支援、突发灾害性事件技术指导、洪水预报分析、值守应急、测洪物资准备、综合协调等日常管理工作。

2.2.2　应急监测办公室职责

（1）执行应急监测领导小组的有关工作安排。

（2）在领导小组的统一领导和指挥下，组织、协调突发事件的应急监测工作。

（3）负责应急监测工作报告、通报等文件的印制、发送与传递。

（4）承担有关应急监测工作会商安排、联络、编制，提出应急处置建议。

（5）负责突发事件应急监测的技术指导和应急监测技术研究工作。

（6）组织突发事件水文应急监测队伍的培训。

2.2.3 突发事件水文应急监测队伍职责

（1）水文情报组。收集、掌握、上报辖区内雨水情动态信息；做好洪水预警预报和洪水分析等工作，按《湖北省水文管理办法》（湖北省人民政府令第335号）做好发布工作；服从临时调配。

（2）水文监测组。负责突发事件的水文指标（水位、流量、流速等）的现场应急测量，各水文站队做到平时多观察，接到指示后第一时间到达事故现场进行现场测量，及时处理数据和汇总分析。

（3）水质监测组。负责突发事件的应急采样、现场监测、实验室监测、数据及时处理汇总分析工作，做到接到指示后第一时间到达事故现场及时采样、现场监测，迅速完成实验室监测、及时处理数据和汇总分析。

（4）宣传报道组。收集应急监测中涌现的典型事迹，并及时组稿发布报道，会同应急监测办公室起草新闻通稿、拟定答问口径、发布事件相关信息；向省中心报告应急监测进展情况；协助应对媒体。

（5）后勤保障组。做好各水文站队防洪紧缺物资的临时采购、应急设备准备、应急车辆安排；服从临时调配。

3 处置程序

3.1 预警

3.1.1 预警监测

特殊水情时，水文应急监测领导小组的成员、机关各科室及县市水文（局）测站（区）全体职工无特殊原因必须全部到岗到位，随时等待安排，通信设施必须24小时保持畅通并及时报告有关工作情况。

水情科根据辖区内及上游雨水情情况及时做出洪水预报，领导小组根据预报迅速做出决策，部署安排水文应急监测工作，勘测科及其他相应科室、相应测站做好各项准备工作。

当预测预警某测站或某区域会出现特大洪水时，原则上应急监测队伍立即赶赴相应地点或区域进行水文监测工作，特殊情况时，由领导小组组长临时安排、指定应急监测队伍和人员调配。

发生特殊水情或者突发事件所在地水文站队，必须及时向领导小组报告有关情况。根据情况发展，有必要时还需向所在地政府、水行政主管部门报告。

在事件发生初期，加密监测频次和取样断面，随着污染物扩散情况和监测结果变化趋势，实施跟踪监测，直至突发水公共事件消除。

3.1.2 预警分级

突发事件预警按照事件可能造成的危害程度、紧急程度和发展态势等因素，分为Ⅰ级预警、Ⅱ级预警、Ⅲ级预警，分别对应相应的事件等级。

3.1.3 预警发布

（1）应急监测办公室收到可能发生突发事件相关信息后，及时向应急监测领导小组办公室反馈，获知突发事件信息后，领导小组立即按本预案启动应急监测工作程序，下达应急监测命令。通知事件发生地及事件有可能影响区域的地方争渡，迅速组成应急监测联合小组，做好应急监测工作。

（2）预警信息应通过电话、应急救援管理系统、视频系统等及时予以发布，并根据情况变化适时调整预警级别。

（3）预警信息包括突发事件可能造成影响的范围、警示事项、应采取的措施等。

3.1.4 预警行动

3.1.4.1 Ⅰ级预警

（1）及时向省中心汇报，并密切关注事态发展，及时收集、报送险情信息。

（2）在省中心到达之前，应做好应急响应准备工作，各应急处置人员进入待命状态。

（3）加强巡视、检查和值班工作。

3.1.4.2 Ⅱ级预警

（1）密切关注事态发展，及时收集、报送险情信息。

（2）通知各应急处置人员进入待命状态，调集所需应急器械、应急物资、应急水质、水量监测专用设备，做好应急响应准备工作。

（3）加强水域周边巡视、监测和值班工作。

（4）可能影响周边群众的，应及时向地方政府部门通报，及时采取应对措施，避免事件影响扩大。

3.1.4.3 Ⅲ级预警

（1）加强水域周边巡视、监测和值班工作。

（2）调集所需应急器械、应急物资、应急器械、应急物资，做好应急响应准备工作。

3.1.5 预警解除

根据事态发展，险情已得到有效控制，应急监测领导小组办公室提出预警解除建议，经应急监测领导小组批准后，由应急监测领导小组办公室主任发布预警解除指令，及时传达到各相关部（室）及各值班岗位。

3.2 信息报告

（1）24小时应急值班电话：×××××××（应急监测办公室电话）。

（2）发生突发事件后，各水文站队负责人按要求及时报告荆州市水文水资源勘测局突发事件水文监测应急监测办公室，应急监测办公室及时报告应急监测领导小组。

（3）应急监测办公室接到事件报告后，做好相关记录，及时向应急监测领导小组报告。

（4）应急监测办公室及时了解事态发展和应急处置情况，并及时向应急监测领导小组汇报。

（5）报告应采取书面方式，情况紧急时可先进行口头报告，稍后再补充书面报告。

（6）应急监测领导小组确定事件可能影响周边居民和相关单位时，应及时向当地政府、公众和相关单位通报事件预警信息，及时采取相应对策，防范事件扩大。

（7）突发事件报告应当及时、准确、完整，任何单位和个人不得迟报、漏报、谎报或者瞒报，在应急处置过程中，应及时动态报告有关情况；报告应当包括下列内容：

1）事件基本情况（事件、地点、过程）。

2）事故发生原因。

3）上下游监测断面（点）位置说明和位置图。

4）主要污染物（物质、数量、装载情况）、监测项目、监测频次。

5）水位、流量、流速。

6）污染影响范围。

7）损失和影响情况。

8）已经采取的措施和效果。

9）消除或减轻污染物危害的措施和建议。

10）必要时进行污染物影响程度及范围预测分析。

3.3 应急响应

3.3.1 响应分级

依据国家和行业有关规定，按照突发事件的性质、严重程度、可控性、影响范围，将应急响应分为Ⅰ级、Ⅱ级、Ⅲ级，作为突发事件处置和信息报送的依据。发生突发事件，由应急监测领导小组确定响应级别。

3.3.2 响应程序

响应程序按过程可分为接警、响应级别确定、应急启动、应急处置、应急恢复和应急结束等几个过程。

（1）接警。应急监测办公室接到水污染事件报警时，应做好详细记录，并报告荆州市水文水资源勘测局应急监测领导小组。

（2）响应级别确定。应急监测领导小组接到突发事件报告后，应立即根据报告信息，对警情做出判断，确定响应级别。

（3）应急启动。应急响应级别确定后，突发事件应急监测领导小组启动相应预案，组建突发事件水文监测应急指挥部，启动相应应急程序，通知各应急监测工作小组开展应急处置。

（4）各应急监测队伍应当根据分级负责、属地为主原则立即启动应急预案，展开应急监测工作。

4 处置措施

4.1 应急处置基本原则

荆州市水文水资源勘测局及各水文站队在突发事件水文应急监测工作中必须贯彻以下工作原则：

（1）统一领导，分组负责。应急监测工作实行统一领导，分组负责。在应急监测领导小组的统一领导下，应急监测工作组各司其职，有效开展突发事件应急处置工作。

（2）以人为本，安全第一。把保障人民的生命安全和身体健康作为首要任务，最大限度地预防和减少突发事件造成的人员伤亡和财产损失。

（3）快速反应，科学应对。建立突发事件应急监测快速反应机制，确保发现、报告、指挥、处置、善后等环节紧密衔接，处置手段科学、快速、高效。

4.2　先期处置

事件发生单位根据所掌握的事件信息，确定初步应急监测方案和现场监测治理保证措施，并提出隔离警示区域范围及应急处置建议，完成现场应急监测仪器、防护器材、通信照明器材、耗材、试剂和监测质量保证的准备工作。

荆州市水文水资源勘测局综合办公室完成应急指挥车、应急监测车等调度工作。

水环境监测室留守人员做好应急监测实验室准备工作，随时对现场采集的样品进行分析。

4.3　应急处置

4.3.1　Ⅰ级应急处置

在省中心到达现场之前，荆州市水文水资源勘测局应急监测领导小组应做好事故先期应急处置工作。

（1）根据实际需要成立现场临时应急指挥部，指定临时总指挥，负责指挥、协调先期现场应急处置工作，根据事态发展，及时制定和调整救援抢险方案，整合、调动应急资源，开展应急处置，并随时将现场处置情况及事故发展势态向省中心汇报。

（2）在生产安全事故现场周围设立警戒区域，实施交通管制，维护现场治安秩序，保障救援应急资源运输畅通。

（3）各应急监测队伍执行现场应急总指挥指令，协同配合，按照各自职责实施应急处置措施。应对生产安全事故时，应急人员应采取可靠的保护措施，保障自身安全。

（4）现场临时应急指挥部及时将各阶段的事态监测和初步评估的结果快速反馈给应急监测领导小组，为整体的应急决策提供依据。

（5）荆州市水文水资源勘测局应急监测领导小组及时收集汇总现场相关信息，如实汇报事故处置进展情况，并做好交接，配合上级应急指挥机构及相关应急队伍做好应急处置。

4.3.2　Ⅱ级应急处置

（1）领导小组组长主持召开专题会商会，局领导、各科室负责人参加，启动水文应急监测预案，作出水文监测工作应急部署，加强对汛情的监视和抗洪工作的指导。

（2）各应急监测队需在30分钟内启程赶赴现场开展监测，特殊情况由应急监测领导小组组长酌情安排调配应急监测队以及应急人员。

（3）预测可能出现Ⅰ级应急响应的洪水或险情的测站，立即报告省中心。

（4）各水文站队负责人按照要求，安排人员、准备测洪物资、食品，无比降、浮标断面的站布设临时比降、浮标断面。

（5）根据雨水情变化趋势，各水文站队水位即将超过本站的自记水位台或雨量观测场地面高程时，提前30分钟转移自记观测仪器；当预测水位即将超过站房或缆道房地面高程时，提前60分钟转移资料、测洪物资、设施设备等。每一步工作都要把人身安全放在首要位置。

（6）因旱情启动响应时，扩大移动各水文站队监测范围，各站加密流量、水质监测频次，加大敏感水域监测力度，加强旱情信息收集、分析和报送工作。

（7）领导小组根据水文站对水位上涨趋势或上游雨情未来水情变化趋势，由领导小组组长决定，通知测站做好启动更高级别应急预案的准备。

4.3.3　Ⅲ级应急处置

（1）领导小组组长主持专题会商会，作出监测工作部署，加强对汛情的监视和对抗洪工作的指导。

（2）领导小组成员等待领导小组组长安排，当各水文站队需要支援时，应急监测队应能立即赶赴现场开展应急监测。

（3）预测可能出现更大级别的应急响应测站应启动本站响应的应急方案。

（4）各水文站队负责人按照较大洪水应急方案的要求，安排人员、准备测洪物资、食品等。

（5）因旱情启动响应时，启动移动站墒情监测，各站加密流量、水质监测频次，加大敏感水域监测力度，加强旱情信息收集、分析和报送工作。

4.4　后期处置

（1）在应急处置结束时各水文站队立即将水毁情况上报勘测科，勘测科综合后向省中心、市政府、水行政主管部门上报洪水及水毁情况。筹集经费，安排各站队维修恢复水毁设施设备。

（2）各水文站队应迅速组织水毁恢复工作，储备测洪物资，为下一次洪水做准备。

（3）应急监测办公室及时总结应急监测工作，修改完善突发事件水文监测专项应急预案，各水文站队也必须总结测报工作经验。

5　附件

相关附件见表7-10和表7-11。

表7-10　　荆州市水文水资源勘测局生产安全事故突发事件水文监测应急响应相关单位和人员通信录

序号	姓名	单　位	岗　位	手　机	备注
1	×××	荆州市水文水资源勘测局	党委书记、局长	×××××××××××	组长
2	×××	荆州市水文水资源勘测局	副局长、安全生产分管领导	×××××××××××	副组长
3	×××	荆州市水文水资源勘测局	纪委书记	×××××××××××	副组长
4	×××	荆州市水文水资源勘测局	副局长	×××××××××××	副组长
5	×××	荆州市水文水资源勘测局	总工程师	×××××××××××	副组长
6	×××	荆州市水文水资源勘测局	综合办公室主任	×××××××××××	成员
7	×××	荆州市水文水资源勘测局	信息科科长	×××××××××××	成员
8	×××	荆州市水文水资源勘测局	水资源科科长	×××××××××××	成员
9	×××	荆州市水文水资源勘测局	水情科科长	×××××××××××	成员
10	×××	荆州市水文水资源勘测局	勘测科科长	×××××××××××	成员
11	×××	荆州市水文水资源勘测局	财务科副科长	×××××××××××	成员
12	×××	荆州市水文水资源勘测局	××水文站站长	×××××××××××	成员

续表

序号	姓名	单　位	岗　位	手　机	备注
13	×××	荆州市水文水资源勘测局	××水文站站长	×××××××××××	成员
14	×××	荆州市水文水资源勘测局	××水文站站长	×××××××××××	成员
15	×××	荆州市水文水资源勘测局	××水文站站长	×××××××××××	成员

表 7－11　荆州市水文水资源勘测局突发事件水文监测应急监测队伍主要人员名录

序　号	岗　位	姓　名	手　机	备　注
一、水文情报组				
1	组长	×××	×××××××××××	
2	组员	×××	×××××××××××	
3	组员	×××	×××××××××××	
二、水文监测组				
1	组长	×××	×××××××××××	
2	组员	×××	×××××××××××	
3	组员	×××	×××××××××××	
三、水质监测组				
1	组长	×××	×××××××××××	
2	组员	×××	×××××××××××	
3	组员	×××	×××××××××××	
四、宣传报道组				
1	组长	×××	×××××××××××	
2	组员	×××	×××××××××××	
3	组员	×××	×××××××××××	
五、后勤保障组				
1	组长	×××	×××××××××××	
2	组员	×××	×××××××××××	
3	组员	×××	×××××××××××	

水环境监测室火灾事故现场处置方案

1. 事故风险分析

1.1　事故类型

实验室工作人员忘记关电源，致使设备或用电器具通电时间过长，温度过高，引起着火；操作不慎或使用不当，使火源（如烧杯）接触易燃物质，引起着火；危险化学品因泄漏和使用过程中操作不慎引起的火灾事故。

1.2　事故发生的区域、地点或装置

事故发生区域主要在药品间、气瓶间、实验室，危险化学品在搬运、使用过程中均可能发生火灾。

1.3　事故发生的时间、危害程度及影响范围

水环境监测室火灾事故无明显的季节特征，但由于夏季气温高、冬季气候干燥等更容易发生危险化学品和仪器设备火灾事故。

水环境监测室火灾事故可造成人身伤亡、设施和设备毁损、爆炸，自然环境污染及生态破坏等事故。

1.4　事故前可能出现的征兆

仪器设备火灾发生前常出现设备局部过热、短路跳闸、焦臭味、冒烟等现象。

危险化学品火灾事发前承载危险化学品的设备可能会膨胀、变形；化学品发生变质、变色；化学品库会有异常气味，异常响声和黑烟，严重时会使人感到恶心、呕吐、流泪等现象。

1.5　事故引发的次生、衍生事故

水环境监测室火灾事故可能发生剧烈爆炸引发房屋坍塌、严重污染环境、大量人员中毒伤亡等。

2. 应急工作职责

2.1　现场应急工作组

组长：值班负责人

成员：事发现场人员、医疗救护组人员

2.2　现场应急工作组职责

（1）组长职责：全面指挥协调火灾事故应急处置与应急救援工作，及时将事故处置情况报告应急管理办公室。

（2）第一发现人职责：发现事故后立即向组长报告，负责或协助其他人员抢救受伤人员。

（3）医护人员职责：负责受伤人员现场施救。

（4）其他人员职责：配合医护人员开展施救工作。

（5）作业现场发生的火灾事故，由事故发生地责任单位启动相应预案，进行应急处置。

3. 应急处置

3.1　事故应急处置程序

（1）现场人员发现火灾事故后，应立即采取正确措施进行施救，及时将现场情况报告现场应急工作组组长。

（2）值班负责人接到报告后应立即启动现场处置方案，视情况联系并安排专人引导医务人员到达事故现场参加应急处置工作；先期合理安排现场人员进行火灾处理，并及时将事故情况报事发单位及现场应急工作组其他相关成员。

（3）火灾事故进一步扩大时，现场应急工作组按要求向火灾、爆炸事故应急管理办公室报告。应急管理办公室接到事故报告后，应询问清楚有关事故情况，及时向应急管理领导小组报告和按照事故报告程序向上级单位、地方政府有关部门报告，并安排人员到现场核查，由火灾、爆炸事故应急管理领导小组按程序启动火灾、爆炸事故专项应急预案。

3.2　现场应急处置措施

（1）现场人员发现水环境监测室火灾事故后应立即向现场应急工作组组长汇报情况，现场应急工作组组长接到报警后应对水环境监测室火灾事故进行分析、核实，听取现场人员汇报，分析水环境监测室火灾事故带来的影响，判断事故发展趋势，根据现场情况，启动消防警报系统，发出预警信息；制定救援方案，指挥开展救援工作。

（2）现场应急工作组组长组织人员将水环境监测室内的电气设备断电、危险化学品运至安全地方等措施，同时将受困人员转移至安全地方救护，并立即通知维护人员查明火灾原因及情况。

（3）现场人员如果发现起火设备为电气设备，应立即断开工作电源；发现现场有受困、受伤人员，应立即转移至安全地方；迅速清除火场可燃物，消除危险化学品外泄，如有液体流淌时，应筑堤（或用围油栏）拦截漂散流淌的易燃液体或挖沟导流；对危险品仓库未燃的化学物品迅速转移，但必须严格做好个人防护工作和正确有序运输，防止人员中毒、危险化学品再次泄漏。

（4）及时了解掌握危险化学品的特性和储存情况，采取针对性灭火措施。扑救毒害性、腐蚀性或燃烧产物毒害性较强的易燃品火灾，扑救人员必须佩戴防护面具或者正压式空气呼吸器，采取相应的个人防护措施，防止烧伤或燃烧中产生的气体引起中毒、窒息，防止触电。

（5）如火势无法控制，立即联系荆州市水文水资源勘测局火灾、爆炸事故应急管理办公室增援。并安排人员接消防部门救火车辆到现场进行扑救。

（6）发现有人烧伤，立即转移至安全地带，用干净纱布覆盖烧伤面，防止被污染。发现有人吸入有害气体中毒，立即转移至通风良好处休息，已昏迷伤员应保持气道通畅，呼吸心跳停止者，进行心肺复苏法抢救。同时尽快向“120”求援。

（7）设专人负责清点进出现场抢险人员的人数。

3.3　事故报告

（1）现场人员发现水环境监测室火灾事故后，应立即向现场应急工作组组长报告，现场应急工作组组长接警后，立即组织应急救援，事故进一步扩大时，应及时向荆州市水文水资源勘测局火灾、爆炸事故应急管理办公室报告。

（2）发生火灾事故后，现场应急工作组组长应迅速准确地向应急管理领导小组报告事故的以下信息：

1）事故的类型、发生时间、发生地点。

2）事故的原因、性质、范围、严重程度。

3）事故已造成的影响和发展趋势。

4）已采取的控制措施及其他应对措施。

4. 注意事项

（1）水环境监测室火灾事故可能产生有毒气体，扑救人员应正确佩戴正压式呼吸器。

（2）采取救援对策或措施时，应考虑灾害的衍生事件，当存在遇水易燃物品时，不得使用消防水、泡沫灭火，防止发生反应后引发爆炸。

（3）禁止非相关人员进入危险化学品火灾事故现场，及时通知非相关工作人员撤离。

（4）所有的应急抢险工作都必须在确保抢险人员人身安全的前提下进行，抢险人员必须首先作好各种安全防护措施才能进入现场抢险，当抢险人员的人身安全受到威胁时必须立即放弃抢险工作转移到安全区域。

（5）在事故现场的各个入口设置围栏；因抢救伤员和防止灾难扩大等情况需要移动现场物件的，应当做好标志，记录事故原貌，妥善保存水环境监测室火灾现场重要痕迹和物证。

（6）扑救人员应正确佩戴安全帽和正确使用消防器材进行灭火，防止出现中毒、窒息、触电、烫伤等现象。

（7）受伤人员，未经医务人员同意，灼伤部位不宜敷搽任何东西和药物。

（8）人员急救时要使用适当的急救方法。在医务人员未接替救治前，现场救治人员不应放弃现场抢救，更不能只根据没有呼吸或脉搏擅自判断伤员死亡，放弃抢救。

（9）应急处置，应清理着火点附近易燃、易爆物品，做好控制火势蔓延措施，防止事态扩大。

（10）应急处理过程中的下列物品应作有毒物处理，如吸尘器的过滤纸带、抹布、防毒面罩中的吸附剂、气体回收装置中使用过的活性氧化铝或分子筛、设备中取出的吸附剂、严重污染的工作服等。处理方法是将废物装入双层塑料袋中，再放入金属桶内密封埋入地下，或用苏打粉与废物混合后再注入水，放置48小时后（容器敞开口），可作普通垃圾处理。

（11）水环境监测室火灾应急处置结束后，要继续设置警戒线和警戒标志，对火灾现场进行彻底清洗和严格消毒，检测污染情况。现场污染未彻底清除前，无关人员禁止入内。

（12）应急救援结束后做好人员清点、确保所有人员全部撤离危险区域。

（三）预案体系应用

1. 气瓶间应急处置卡

荆州市水文水资源勘测局气瓶间应急处置卡如图7－4所示。

图7－4　荆州市水文水资源勘测局气瓶间应急处置卡

2. 药品间应急处置卡

荆州市水文水资源勘测局药品间应急处置卡如图 7-5 所示。

3. 缆道驱动设备、钢塔支架底部应急处置卡

荆州市水文水资源勘测局缆道驱动设备、钢塔支架应急处置卡如图 7-6 所示。

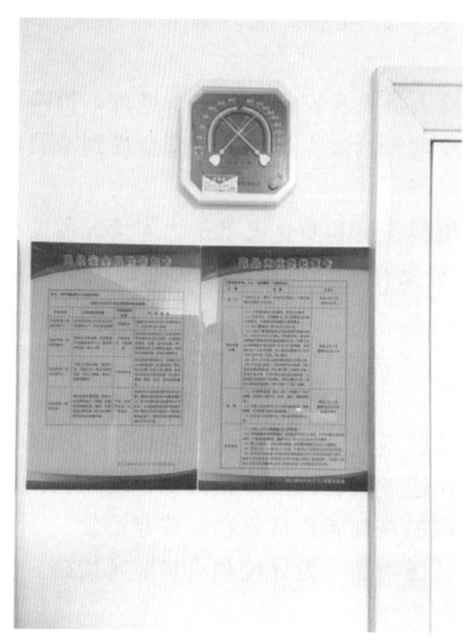

图 7-5 荆州市水文水资源勘测局药品间应急处置卡

图 7-6 荆州市水文水资源勘测局缆道驱动设备、钢塔支架应急处置卡

四、安全风险防控手册

（一）岗位风险点排查表

1. 水文站队岗位风险点排查

水文站队岗位风险点排查表见表 7-12。

表 7-12 **水文站队岗位风险点排查表**

检查人：					日期： 年 月 日	
风险点	检查项目	危害因素	风险等级	可能导致的后果	检查情况（无隐患打√，存在隐患打×，并在备注中登记）	备注
水质取样作业	取样途中	车辆存在缺陷，如：刹车失灵等	一般	车辆伤害		
		驾驶员疲劳驾驶、酒后驾驶、超速行驶或其他违反交通规则行驶	一般	车辆伤害		
		道路存在风险，如：山区危险边坡路段等	低	车辆伤害		
		夜间行车	低	车辆伤害		

续表

风险点	检查项目	危害因素	风险等级	可能导致的后果	检查情况（无隐患打√，存在隐患打×，并在备注中登记）	备注
水质取样作业	水质取样	取样作业过程中突然涨水	低	淹溺		
		洪水超过防汛水位高程	一般	淹溺		
		作业人员未正确穿戴救生衣	低	淹溺		
		取样河水水流较湍急	低	淹溺		
		取样作业过程中接触放射性、毒性物质	低	中毒和窒息		
		在严重污染的河流取样，接触了细菌病毒	低	中毒和窒息		
		取样作业环境不良、夜间作业	低	其他伤害		
		高温季节露天作业时间过长	低	其他伤害		
		野外蛇虫鸟兽造成伤害	低	其他伤害		
		道路积水、积霜、积雪	低	其他伤害		
		冬季严寒天气野外作业	低	其他伤害		
水位勘测作业	水位勘测途中	车辆存在缺陷，如：刹车失灵等	低	车辆伤害		
		驾驶员疲劳驾驶、酒后驾驶、超速行驶或其他违反交通规则行驶	低	车辆伤害		
		道路存在风险，如：山区危险边坡路段等	低	车辆伤害		
		夜间行车	低	车辆伤害		
	水尺读数	读数过程中突然涨水	低	淹溺		
		洪水超过防汛水位高程	低	淹溺		
		作业人员未穿戴救生衣	低	淹溺		
		水位勘测河水水流较湍急	低	淹溺		
		野外蛇虫鸟兽造成伤害	低	其他伤害		
雨量勘测作业	雨量勘测途中	车辆存在缺陷，如：刹车失灵等	低	车辆伤害		
		驾驶员疲劳驾驶、酒后驾驶、超速行驶或其他违反交通规则行驶	低	车辆伤害		
		道路存在风险，如：山区危险边坡路段等	低	车辆伤害		
		夜间行车	低	车辆伤害		

续表

风险点	检查项目	危害因素	风险等级	可能导致的后果	检查情况（无隐患打√，存在隐患打×，并在备注中登记）	备注
雨量勘测作业	野外雨量站勘测	边坡落石滑落	低	物体打击		
		危险山坡路段	低	高处坠落		
		山体滑坡	低	坍塌		
		野外雨量勘测作业过程中接触毒性物质	低	中毒和窒息		
		高温季节露天作业时间过长	低	其他伤害		
		冬季严寒天气野外作业，作业人员冻伤	低	其他伤害		
		道路积水、积霜、积雪	低	其他伤害		
		野外蛇虫鸟兽造成伤害	低	其他伤害		
水流量勘测作业	水流量勘测作业途中	车辆存在缺陷，如：刹车失灵等	一般	车辆伤害		
		驾驶员疲劳驾驶、酒后驾驶、超速行驶或其他违反交通规则行驶	一般	车辆伤害		
		道路存在风险，如：山区危险边坡路段等	低	车辆伤害		
		夜间行车	低	车辆伤害		
	野外水流量勘测	边坡落石滑落	低	物体打击		
		作业人员不慎从山坡滑落	低	高处坠落		
		山体滑坡	一般	坍塌		
		野外雨量勘测作业过程中接触毒性物质	一般	中毒和窒息		
		高温季节，没有发放必要的防暑降温药品、饮品	低	其他伤害		
		高温季节露天作业时间过长	低	其他伤害		
		道路积水、积霜、积雪	低	其他伤害		
		冬季严寒天气野外作业，作业人员冻伤	低	其他伤害		
		野外蛇虫鸟兽造成伤害	低	其他伤害		
	运用水文缆道测流量	运动物体脱落	低	物体打击		
		作业场所随意乱扔物件	一般	物体打击		
		未穿戴劳动防护用品	低	物体打击		
		高处物件存放不稳或小物件未集中存放	低	物体打击		
		移动部件未形成隔离	低	机械伤害		
		工器具使用方法不当，违规操作	低	机械伤害		
		电机皮带破裂飞溅	低	机械伤害		
		安全意识淡薄，麻痹大意	低	其他伤害		

续表

风险点	检查项目	危害因素	风险等级	可能导致的后果	检查情况（无隐患打√，存在隐患打×，并在备注中登记）	备注
野外勘测作业	野外勘测作业途中	车辆存在缺陷，如：刹车失灵等	一般	车辆伤害		
		驾驶员疲劳驾驶、酒后驾驶、超速行驶或其他违反交通规则行驶	一般	车辆伤害		
		道路存在风险，如：山区危险边坡路段等	低	车辆伤害		
		夜间行车	低	车辆伤害		
	野外勘测作业	边坡落石滑落	低	物体打击		
		作业人员不慎从山坡滑落	低	高处坠落		
		山体滑坡	一般	坍塌		
		野外雨量勘测作业过程中接触毒性物质	低	中毒和窒息		
		高温季节露天作业时间过长	低	其他伤害		
		道路积水、积霜、积雪	低	其他伤害		
		冬季严寒天气野外作业，作业人员冻伤	低	其他伤害		
		野外蛇虫鸟兽造成伤害	低	其他伤害		
缆道养护作业	钢塔支架养护	未有效使用安全带等劳动防护用品	低	高处坠落		
		安排患有职业禁忌的人员进行高处作业	低	高处坠落		
		高温季节来临前未安排户外养护作业人员进行职业健康体检	低	高处坠落		
		作业人员疲劳作业或长时间暴晒	低	高处坠落		
		安排未经考核或安全教育培训合格的人员进行高处养护作业	低	高处坠落		
		无相应防护设施或安全设施不完善、损坏	低	高处坠落		
		遇恶劣气候仍然进行钢塔支架养护高处作业	低	高处坠落		
		作业人员失手或抛掷物件、工器具	低	物体打击		
		上下交叉作业时未采取防护措施	低	物体打击		
		雷雨天气进行钢塔养护	低	触电		
		钢塔支架未设置防雷接地或防雷接地不满足要求	低	触电		
		除锈、油漆养护不当	低	其他伤害		

续表

风险点	检查项目	危害因素	风险等级	可能导致的后果	检查情况（无隐患打√，存在隐患打×，并在备注中登记）	备注
缆道养护作业	驱动设备、控制系统养护	开关、线路裸露或受潮、浸水，且未安装漏电保护装置	低	触电		
		电源开关设置的漏电保护器不合格、损坏或容量不符合要求	低	触电		
		进行电动机等电气设备清洁维护、检修时未断电	低	触电		
		水文测验缆道设备未进行可靠接地	低	触电		
		动力设备动力线未进行绝缘保护	低	触电		
		电机设备、控制系统本身出现故障	低	机械伤害		
		养护作业人员过度疲劳	低	机械伤害		
		存在侥幸心理，未严格按照设备操作规程使用	低	机械伤害		
		设备的转动部分未设置防护罩	低	机械伤害		
		清洁维护、打油作业人员违章吸烟或使用明火	低	火灾		
		电动机持续发热，未及时采取降温措施	低	火灾		
		设备接地不良	低	火灾		
		动火作业没有严格遵守操作规程	低	火灾		
		养护作业时扳手等工具滑脱	低	物体打击		
		工作环境不良，材料堆放杂乱	低	其他伤害		
		作业空间狭窄	低	其他伤害		
	钢丝绳养护	未有效使用安全带、救生衣等劳动防护用品	低	淹溺		
		作业人员身体条件不适宜钢丝绳养护作业	低	淹溺		
		作业人员疲劳作业或长时间暴晒	低	淹溺		
		遇恶劣气候仍然进行钢丝绳养护作业	低	淹溺		
		钢丝绳应报废未进行报废	低	淹溺		
		养护过程中钢丝绳断裂	低	淹溺		
		养护过程中遭遇过路船只等碰撞	低	其他伤害		

续表

风险点	检查项目	危害因素	风险等级	可能导致的后果	检查情况（无隐患打√，存在隐患打×，并在备注中登记）	备注
雨量站率定作业	雨量站率定作业	未有效使用安全带等劳动防护用品	低	高处坠落		
		已采取安全防护措施，但措施失效，如安全带断裂等	低	高处坠落		
		安排患有职业禁忌的人员进行雨量站率定高处作业	一般	高处坠落		
		作业人员疲劳作业或长时间暴晒	一般	高处坠落		
		遇恶劣气候仍然进行野外雨量站率定高处作业	低	高处坠落		
		作业人员失手或抛掷物件、工器具	低	物体打击		
		雷雨天气进行野外雨量站率定作业	一般	触电		
		在途中或作业过程中，发生山体滑坡等地质灾害	一般	坍塌		
		前往雨量站途中，车辆存在缺陷，如：刹车失灵等	一般	车辆伤害		
		驾驶员疲劳驾驶、酒后驾驶、超速行驶或存在其他违反交通规则行驶的现象	一般	车辆伤害		
		行驶道路存在风险，如：山区危险边坡路段	低	车辆伤害		
		夜间行车	低	车辆伤害		
		在途中或作业过程中，被蛇虫鸟兽叮咬	低	其他伤害		
水尺清污作业	水尺清污作业	清污过程中作业人员注意力不集中	低	淹溺		
		已采取安全防护措施，但措施失效，如未正确穿戴救生衣、救生衣漏气等	低	淹溺		
		在大雨、暴雨天作业，水位突然上涨	低	淹溺		
		前往途中，由于车辆存在缺陷，如：刹车失灵等	低	车辆伤害		
		驾驶员疲劳驾驶、酒后驾驶、超速行驶或存在其他违反交通规则行驶的现象	低	车辆伤害		
		行驶道路存在风险，如：山区危险边坡路段	低	车辆伤害		
		夜间行车	低	车辆伤害		

续表

风险点	检查项目	危害因素	风险等级	可能导致的后果	检查情况（无隐患打√，存在隐患打×，并在备注中登记）	备注
水尺清污作业	水尺清污作业	清污工具使用不当	低	物体打击		
		作业时，作业人员未正确佩戴安全帽	低	物体打击		
		已采取安全防护措施，但措施失效，如安全帽过期失效	低	物体打击		
		雷雨天气进行野外水尺清污作业	低	触电		
		在对水面以上的水尺部分进行清污时，作业人员注意力不集中	低	其他伤害		
		作业人员在途中或作业过程中，未采取防蛇虫伤害措施	低	其他伤害		
沉沙池清淤作业	沉沙池清淤作业	车辆存在缺陷，如：刹车失灵等	低	车辆伤害		
		驾驶员疲劳驾驶、酒后驾驶、超速行驶或其他违反交通规则行驶	低	车辆伤害		
		道路存在风险，如：山区危险边坡路段等	低	车辆伤害		
		夜间行车	低	车辆伤害		
		作业人员不慎落水	低	淹溺		
		洪水超过防汛水位高程	低	淹溺		
		在大雨、暴雨天作业，水位突然上涨	低	淹溺		
		作业前未进行通风、检测	一般	中毒和窒息		
		作业人员未正确穿戴安全防护用品	一般	中毒和窒息		
		违章作业	低	中毒和窒息		
		作业前未通风、检测	低	其他爆炸		
		使用工具不当	低	其他爆炸		
		高温季节露天作业时间过长	低	其他伤害		
		野外蛇虫鸟兽造成伤害	低	其他伤害		
		道路积水、积霜、积雪	低	其他伤害		
		冬季严寒天气野外作业	低	其他伤害		

2. 砂管基地执法队员岗位风险点排查表

砂管基地执法队员岗位风险点排查表见表7-13。

表 7-13　　砂管基地执法队员岗位风险点排查表

检查人：					日期：　年　月　日	
风险点	检查项目	危害因素	风险等级	可能导致的后果	检查情况（无隐患打√，存在隐患打×，并在备注中登记）	备注
采砂执法作业	采砂执法作业	作业人员未穿戴防护用品	低	淹溺		
		业水域产生大漩涡，打翻船只	一般	淹溺		
		非法采砂人员不服从管理	低	其他伤害		
		船员未持证上岗	低	淹溺		
		船员不熟悉水性，水上自救能力不足	低	淹溺		
		作业人员未穿戴防护用品	低	淹溺		
		作业前未对船只进行检查	低	淹溺		
		作业时未采用安全航速航行	一般	淹溺		
		作业水域产生大漩涡，打翻船只	一般	淹溺		
		船舶积水未及时抽排或抽水泵损坏	一般	淹溺		

3. 水环境监测中心检测（人）员岗位风险点排查表

水环境监测中心检测（人）员岗位风险点排查表见表 7-14。

表 7-14　　水环境监测中心检测（人）员岗位风险点排查表

检查人：					日期：　年　月　日	
风险点	检查项目	危害因素	风险等级	可能导致的后果	检查情况（无隐患打√，存在隐患打×，并在备注中登记）	备注
化学检测	一般试剂配置及使用	试剂配置时液体飞溅	低	灼烫		
		用嘴吸移液管	低	中毒和窒息		
		实验完成后未洗手	低	中毒和窒息		
		未穿戴劳动防护用品或劳动防护用品失效	低	其他伤害		
	危险化学试剂配置及使用	搬运危险化学试剂时，发生了碰撞，造成了泄漏或溅射	一般	灼烫、中毒和窒息		
		超用量领取	一般	灼烫、中毒和窒息		
		实验结束后，未将多余的药品进行归还	低	灼烫、中毒和窒息		
		未穿戴劳动防护用品，或已穿戴劳动防护用品，但劳动防护用品失效，如防护手套破损等	低	灼烫、中毒和窒息		

续表

风险点	检查项目	危害因素	风险等级	可能导致的后果	检查情况（无隐患打√，存在隐患打×，并在备注中登记）	备注
化学检测	危险化学试剂配置及使用	安排未经危险化学品使用安全教育培训合格的人员进行实验操作	低	灼烫、中毒和窒息		
		未设置报警设施、泄险区	低	灼烫、中毒和窒息		
		配置的药品未按存放标准进行储存	低	灼烫、中毒和窒息		
		稀释浓酸时，操作步骤出错，发生了液体飞溅	一般	灼烫、中毒和窒息		
		配置好的药品，未进行封盖处理	低	灼烫、中毒和窒息		
		药品配置、煮沸、烘干等未在通风橱中进行	一般	灼烫、中毒和窒息		
		配置药品未有效标识	低	灼烫、中毒和窒息		
		实验室未设置通风设施或通风不良	一般	灼烫、中毒和窒息		
		在通风橱配置药品时，将头伸入通风橱内操作	一般	灼烫、中毒和窒息		
		违规操作	一般	灼烫、中毒和窒息		
		无应急处置设备、设施、用具、解毒药品	低	灼烫、中毒和窒息		
		在实验室饮食	低	灼烫、中毒和窒息		
		喷溅式移注	一般	灼烫、中毒和窒息		
		误食或误吸入试剂	一般	灼烫、中毒和窒息		
		存放酸、碱等药品的容器不具备抗腐蚀性	低	灼烫、中毒和窒息		
		应急处置错误	低	灼烫、中毒和窒息		
		通风不良，环境潮湿	一般	火灾、其他爆炸		
		电气设备未采取防爆措施	一般	火灾、其他爆炸		
		未配备消防器材和设施或配备数量不足	低	火灾		
		未根据具体的起火物质配备合适的灭火器	低	火灾		

续表

风险点	检查项目	危害因素	风险等级	可能导致的后果	检查情况（无隐患打√，存在隐患打×，并在备注中登记）	备注
化学检测	危险化学试剂配置及使用	药品配置过程中，玻璃仪器破碎	低	其他伤害		
		未安排实验室操作人员进行职业健康体检	低	其他伤害		
		在实验室工作人员上岗前，未对存在的职业危害和危险因素进行告知	低	其他伤害		
		安排患有职业禁忌的人员进行实验操作	低	其他伤害		
仪器检测	水质检测	气瓶瓶体、减压阀、橡胶管沾有油污，橡胶管鼓包、有裂纹	低	火灾、容器爆炸		
		易燃、易爆气体泄漏	一般	火灾、容器爆炸		
		操作气瓶阀门时使用产生火花工具	一般	火灾、容器爆炸		
		氧气、乙炔瓶之间的距离不满足要求	低	火灾、容器爆炸		
		气瓶内的气体全部用尽	一般	火灾、容器爆炸		
		气瓶周围有易燃品	低	火灾、容器爆炸		
		气瓶靠近热源	一般	火灾、容器爆炸		
		气瓶倾倒	低	物体打击		
		操作气瓶时不注意，工具掉落	低	物体打击		
		开关、线路裸露或受潮，且未安装漏电保护器	低	触电		
		在易燃物品附近吸烟或使用明火	一般	火灾		
	气瓶管理	搬运气瓶时违反操作规程，不同气瓶搬运混装、将气瓶直接在地上滚动或将气瓶作为滚动支架	一般	容器爆炸		
		搬运时，气瓶安全帽脱落	低	容器爆炸		
		气瓶放于室外在阳光下暴晒	一般	容器爆炸		
		气瓶瓶体、减压阀、橡胶管沾有油污	低	火灾		
		乙炔瓶未安装回火防止器	一般	火灾		
		由不具备气瓶充装资质的单位进行气瓶充装	低	其他伤害		

续表

风险点	检查项目	危害因素	风险等级	可能导致的后果	检查情况（无隐患打√，存在隐患打×，并在备注中登记）	备注
仪器检测	气瓶管理	不同气瓶之间，相同气瓶的空瓶和实瓶之间安全距离不满足要求	低	其他伤害		
		气瓶未按要求定期进行检验	低	其他伤害		
		气瓶应报废未进行报废	低	其他伤害		

4．水环境监测中心采样人员岗位风险点排查表

水环境监测中心采样人员岗位风险点排查表见表7－15。

表7－15　水环境监测中心采样人员岗位风险点排查表

检查人：				日期：　年　月　日		
风险点	检查项目	危害因素	风险等级	可能导致的后果	检查情况（无隐患打√，存在隐患打×，并在备注中登记）	备注
水质取样作业	取样途中	车辆存在缺陷，如：刹车失灵等	一般	车辆伤害		
		驾驶员疲劳驾驶、酒后驾驶、超速行驶或其他违反交通规则行驶	一般	车辆伤害		
		道路存在风险，如：山区危险边坡路段等	低	车辆伤害		
		夜间行车	低	车辆伤害		
	水质取样	作业人员不慎落水	低	淹溺		
		取样作业过程中突然涨水	低	淹溺		
		洪水超过防汛水位高程	一般	淹溺		
		作业人员未正确穿戴救生衣	低	淹溺		
		取样河水水流较湍急	低	淹溺		
		取样场所随意扔物件	低	物体打击		
		未穿戴劳动防护用品	低	物体打击		
		取样作业环境不良、夜间作业	低	物体打击		
		取样作业过程中接触放射性、毒性物质	低	中毒和窒息		
		在严重污染的河流取样，接触了细菌病毒	低	中毒和窒息		
		高温季节露天作业时间过长	低	其他伤害		
		野外蛇虫鸟兽造成伤害	低	其他伤害		
		道路积水、积霜、积雪	低	其他伤害		
		冬季严寒天气野外作业	低	其他伤害		

5. 水环境监测中心药品管理员岗位风险点排查表

水环境监测中心药品管理员岗位风险点排查表见表7-16。

表7-16　　水环境监测中心药品管理员岗位风险点排查表

检查人：					日期：　年　月　日	
风险点	检查项目	危害因素	风险等级	可能导致的后果	检查情况（无隐患打√，存在隐患打×，并在备注中登记）	备注
药品管理	药品购买	使用的药品未向具有合法资质的生产、经营单位采购	低	其他伤害		
	药品存储	药品未单独存放	一般	中毒和窒息、其他爆炸		
		未设置通风设施或通风不良	一般	中毒和窒息		
		新采购的药品，露天存放	一般	其他爆炸、其他伤害		
	药品领用	未建立领用台账，保管不善，导致丢失	低	中毒和窒息		
		现场领用量超标	低	中毒和窒息		
		取用多种药品时，发生了碰撞，造成了泄漏或溅射	一般	中毒和窒息		
		危险化学试剂领用不规范	一般	中毒和窒息		
	废弃处理	擅自违规处置废液	一般	灼烫、中毒和窒息、其他伤害		
		废液未经处理即进行了排放	一般	灼烫、中毒和窒息、其他伤害		
		废液使用玻璃仪器、烧杯、长颈瓶等长期存放	低	灼烫、中毒和窒息、其他伤害		
		将失效的剧毒药品私自掩埋销毁	一般	灼烫、中毒和窒息、其他伤害		

6. 综合办公室司机岗位风险点排查表

综合办公室司机岗位风险点排查表见表 7-17。

表 7-17 综合办公室司机岗位风险点排查表

检查人：					日期： 年 月 日	
风险点	检查项目	危害因素	风险等级	可能导致的后果	检查情况（无隐患打√，存在隐患打×，并在备注中登记）	备注
车辆驾驶	车辆驾驶	车辆存在缺陷，如：刹车失灵等	一般	车辆伤害		
		驾驶员疲劳驾驶、酒后驾驶、超速行驶或其他违反交通规则行驶	一般	车辆伤害		
		道路存在风险，如：山区危险边坡路段等	低	车辆伤害		
		夜间行车	低	车辆伤害		

（二）岗位风险告知卡

样品室采样人员和药品管理员岗位安全风险告知卡如图 7-7 和图 7-8 所示。

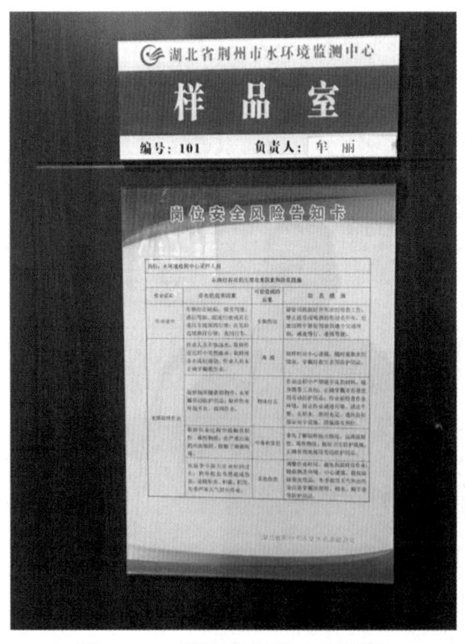

图 7-7 样品室采样人员岗位风险告知卡

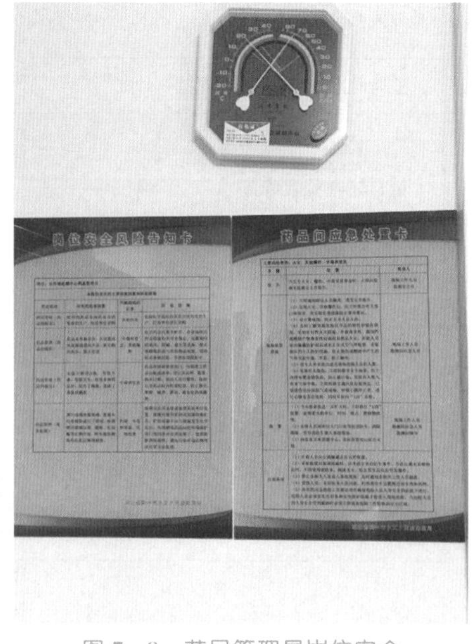

图 7-8 药品管理员岗位安全风险告知卡

五、隐患排查标准

（一）综合检查表

综合检查表见表7-18。

表7-18　　综合检查表

检查人员：＿＿＿＿＿　检查时间：＿＿＿＿＿　受检单位：＿＿＿＿＿

序号	检查项目	检查内容/部位	检查结果		问题描述	备注
			是（√）	否（×）		
1	安全目标管理	未制定安全生产总目标和年度目标或内容不符合要求				
2		安全生产总目标和年度目标未分解				
3		未定期对安全生产目标完成情况进行检查、评估、考核奖惩				
4	安全生产职责落实	未定期对科室（水环境监测中心、水文站队、砂管基地）和岗位人员的安全生产职责的适宜性、履职情况进行评估和监督考核				
5	安全文化建设	未制定安全文化建设规划				
6		未开展安全文化建设活动				
7	制度化管理（法规标准识别、规章制度、操作规程）	未每年发布一次适用的安全生产法律法规标准清单				
8		未建立安全生产法律法规标准文本数据库				
9		安全生产法律法规标准清单未及时更新				
10		未及时将安全生产规章制度发放到相关工作岗位，并组织培训				
11		未引用或编制安全操作规程				
12		新技术、新材料、新工艺、新设备设施投入使用前，未组织编制或修订相应的安全操作规程				
13		安全操作规程未发放到相关作业人员				
14		未对安全生产法律法规、标准规范、规范性文件、规章制度、操作规程的适用性、有效性和执行情况评估或无评估结论				
15		未及时修订安全生产规章制度、操作规程				

续表

序号	检查项目	检查内容/部位	检查结果		问题描述	备注
			是（√）	否（×）		
16	安全教育培训	未制定年度安全教育培训计划				
17		未对培训效果进行评价和改进				
18		未建立教育培训记录、档案				
19		各级管理人员、在岗作业人员未进行教育培训或按规定进行再培训				
20		新员工上岗前未接受安全教育培训或培训学时不满足要求				
21		特种作业人员未持证上岗				
22		特种作业人员离岗 6 个月以上，未经考核合格上岗				
23		未对相关方作业人员安全教育培训及持证上岗情况督促检查				
24		未对外来人员进行安全教育或安全教育培训内容不符合要求				
25	职业健康管理	未辨识职业危害因素或未对职业危害因素制定针对性的预防和应急救治措施				
26		未告知职业危害、后果及防护措施				
27		未按照要求进行职业健康体检				
28	安全风险管理	未将安全风险评估结果告知从业人员				
29		风险管控措施未定期进行确认				
30	隐患排查治理	未组织对排查标准或清单开展培训				
31		未将相关方纳入隐患排查范围；或未将相关方的隐患纳入本单位隐患管理				
32		隐患排查方式不全				
33		未对事故隐患进行分级，未建立隐患台账				
34		重大事故隐患未制定治理方案或治理方案内容不全				
35		隐患治理完成后未进行评估验收				
36		隐患排查情况未定期上报				
37		未定期对事故隐患排查治理情况进行统计分析				
38		未向从业人员通报隐患排查治理情况				

续表

序号	检查项目	检查内容/部位	检查结果		问题描述	备注
			是（√）	否（×）		
39	应急管理	未建立应急组织机构或指定专人负责应急管理工作				
40		应急设施、装备、物资配备不满足规定				
41		未建立应急设施、装备、物资台账，未安排专人保管				
42		未定期对应急设施、装备、物资检查、维护、保养				
43		未按规定组织应急演练或从业人员不熟悉相关应急知识				
44		未对应急演练进行总结和评估或未根据评估意见修订				
45		未定期对应急预案进行评估				
46		未及时修订完善应急预案				
47	办公生活区	疏散通道被占用				
48		安全出口上锁、遮挡或者将消防安全疏散指示标志遮挡、覆盖				
49		安全出口、疏散通道及重点部位未设置应急照明灯				
50		灭火器配备不足或失效，消火栓、灭火器被遮挡，影响使用或者被挪作他用的				
51		室内消火栓无明显标示、箱门被上锁或箱内设备缺损				
52		常闭式防火门处于开启状态				
53		无证人员进行电气线路敷设、安装、维修				
54		私接用电设备				
55		电气设备未与可燃物保持安全间距				
56		电气线路、设备长时间超负荷运行				
57		办公区、生活区存在违规用火、用电情况				
58		漏电保护器未定期进行检查试验				
59		在办公室易燃或可燃物品附近吸烟				
60		电梯未按规定定期检验、检测				

续表

序号	检查项目	检查内容/部位	检查结果		问题描述	备注
			是（√）	否（×）		
61	办公生活区	电梯里未张贴安全使用说明、安全注意事项和警示标志				
62		未配备特种设备安全管理人员				
63		电梯出现故障但可以使用等情况未及时处理				
64		冬季洗澡使用电取暖器取暖				
65		在床上吸烟				
66		厨房烟道未定期清洗				
67		厨房燃气管道未定期检查保养				

（二）专项检查表

1. 消防安全专项检查表

消防安全专项检查表见表7-19。

表7-19　消防安全专项检查表

检查人员：__________　检查时间：__________受检单位：__________

序号	检查内容/部位	检查结果		问题描述	备注
		是（√）	否（×）		
1	疏散通道被占用				
2	安全出口上锁、遮挡或者将消防安全疏散指示标志遮挡、覆盖				
3	安全出口、疏散通道及重点部位未设置应急照明灯				
4	灭火器配备不足或失效，消火栓、灭火器被遮挡，影响使用或者被挪作他用的				
5	室内消火栓无明显标示、箱门被上锁或箱内设备缺损				
6	常闭式防火门处于开启状态				
7	办公区、生活区存在违规用火、用电情况				
8	柴油发电机房存放易燃品和过量的柴油，或未配备消防器材				
9	实验室、药品库等场所未配备相应类型的灭火器材				

2. 危险化学品专项检查表

危险化学品专项检查表见表7－20。

表7－20　危险化学品专项检查表

检查人员：＿＿＿＿＿＿　检查时间：＿＿＿＿＿＿受检单位：＿＿＿＿＿＿

序号	检查内容/部位	检查结果		问题描述	备注
		是（√）	否（×）		
1	实验室工作人员未穿戴安全防护用品，不熟悉各种化学品安全防范知识				
2	当用水稀释浓硫酸时，向浓硫酸中加水				
3	实验室工作人员直接闻危险化学品或用嘴吸移液管				
4	取用药品时，将头伸入通风橱中操作				
5	使用腐蚀性物质时，未正确使用防护用品				
6	经常使用腐蚀性物质处未备应急药品及喷淋水龙头				
7	实验室废气未经处理直接排出室外				
8	实验室废液使用玻璃器具长期存放				
9	将互为禁忌的化学物质混装于同一废物回收器内				
10	废液未经处理直接排入下水道				
11	放射性废物与一般实验室废弃物混于仪器存放				
12	实验中煮沸、烘干、蒸发未在通风橱中进行操作				
13	实验室无人工作时，除需连续供电的仪器设备外，未及时断电、水、气源				
14	气瓶未贮存在专用气瓶间中，或气瓶贮存环境不符合要求				
15	气瓶在使用过程中未竖直摆放或固定				
16	搬运气瓶时，用手执开关阀移动或横倒在地上滚动				
17	气瓶未按规定进行检验或超过使用年限未及时报废				
18	气瓶安全附件缺失				

（三）季节性检查表

汛期安全检查表见表7－21。

表 7-21 汛期安全检查表

检查人员：________ 检查时间：________受检单位：________

序号	检查项目	检查内容/部位	检查结果		问题描述	备注
			是（√）	否（×）		
1	水文站队水文勘测设备安全运行情况	绞车无隔离保护措施				
2		缆道或缆道房无防雷设施或防雷不符合要求				
3		缆道主索、工作索达到报废条件时未及时进行报废				
4		缆道塔架（柱）、地锚出现松动、倾斜未及时处理				
5		绞车无自锁装置				
6		通航河流或跨公路的水文缆道上，未设置安全警示标志				
7		水文监测所用的车辆未定期进行维护保养、检测、检定				
8	趸船系泊设施、救生设施情况	趸船系泊设施不牢固未及时处理				
9		趸船上无防撞缓冲设施或防撞缓冲设施损坏				
10		无船员值班				
11		枯枝树木堆积在钢缆绳上未及时清理				
12		趸船跳板不稳固，临水面无安全防护设施				
13		船舷边无安全防护装置				
14		趸船缆索磨损超过允许标准的情况，或钢丝绳出现扭绕，未及时更换				
15		未配备救生设备和专门管理人员				
16		船舶堵漏器材配备不齐全				
17		未定期对趸船和执法船进行维护保养				

（四）节假日检查表

节假日安全检查表见表 7-22。

表 7-22 节假日安全检查表

检查人员：________ 检查时间：________受检单位：________

序号	检查项目	检查内容/部位	检查结果		问题描述	备注
			是（√）	否（×）		
1	消防安全	疏散通道被占用				
2		安全出口上锁、遮挡或者将消防安全疏散指示标志遮挡、覆盖				
3		安全出口、疏散通道及重点部位未设置应急照明灯				

续表

序号	检查项目	检查内容/部位	检查结果		问题描述	备注
			是（√）	否（×）		
4	消防安全	灭火器配备不足或失效，消火栓、灭火器被遮挡，影响使用或者被挪作他用的				
5		室内消火栓无明显标示、箱门被上锁或箱内设备缺损				
6		常闭式防火门处于开启状态				
7		柴油发电机房存放易燃品和过量的柴油，或未配备消防器材				
8		实验室、药品库等场所未配备相应类型的灭火器材				
9	用电安全	电气线路、设备长时间超负荷运行				
10		无证人员进行电气线路敷设、安装、维修				
11		办公区、生活区存在违规用电情况				
12		私接用电设备				
13		电气设备未与可燃物保持安全间距				

（五）日常检查表

1. 水文站队日常安全检查表

水文站队日常安全检查表见表 7－23。

表 7－23　水文站队日常安全检查表

检查人员：________　　检查时间：________

序号	检查项目	检查内容/部位	检查结果		问题描述	备注
			是（√）	否（×）		
1	场所环境	办公生活区疏散通道被占用				
2		办公生活区安全出口上锁、遮挡或者将消防安全疏散指示标志遮挡、覆盖				
3		办公生活区灭火器配备不足，或灭火器失效				
4		无证人员进行电气线路敷设、安装、维修				
5		办公生活区电气设备未与可燃物保持安全间距				
6		电气线路、设备长时间超负荷运行				
7		办公生活区存在违规用火、用电情况，私接用电设备				
8		厨房燃气管道未定期检查保养				

续表

序号	检查项目	检查内容/部位	检查结果		问题描述	备注
			是（√）	否（×）		
9	场所环境	配电室电缆沟进、出口洞，通气孔等无防止小动物钻入和雨、雪飘进的措施				
10		落地式配电箱底部未抬高，底座周围未封闭				
11		配电室电缆防火封堵的材料，未按耐火等级要求进行选择使用				
12		配电室内电缆沟无排水措施，沟内有积水				
13		柴油发电机房存放易燃品和过量的柴油，或未配备消防器材				
14	作业安全	绞车无隔离保护措施				
15		缆道或缆道房无防雷设施或防雷不符合要求				
16		缆道钢丝绳养护涂油次数不符合要求				
17		缆道主索、工作索达到报废条件时未及时进行报废				
18		缆道塔架（柱）、地锚出现松动、倾斜未及时处理				
19		绞车无自锁装置				
20		缆道塔架（柱）未设置爬梯				
21		水文缆道运行时，有无关人员在塔架和悬索下逗留				
22		通航河流或跨公路的水文缆道上，未设置安全警示标志				
23		使用水文缆道渡人或渡物，水文缆道超负荷运行				
24		缆道维护保养时，高空作业人员未穿戴好劳动防护用品				
25		桥上测流时，未设置安全警示标志				
26		进入沉沙池前未进行通风或有害气体检测				
27		沉沙池清淤作业未履行申报手续				
28		沉沙池清淤作业前，未确认安全并制定事故应急救援预案				
29		沉沙池清淤作业无监护人员或监护人员擅离职守				
30		沉沙池清淤作业现场未设置安全警示标志				
31		电力设施、电气设备的安装维修人员未持证上岗				
32		电气作业人员未配备绝缘手套、绝缘鞋等绝缘工器具				
33		水位观测井井口未封闭				

续表

序号	检查项目	检查内容/部位	检查结果		问题描述	备注
			是（√）	否（×）		
34	作业安全	临水作业时，未穿救生衣或采取防护措施				
35		水文监测所用的车辆、船只未定期进行维护保养、检测、检定				
36		水文勘测途中，驾驶员超速行驶、疲劳驾驶、酒后驾驶				
37		野外作业人员未配备必要的安全防护用具和技术装备				
38		勘测作业、设备设施维护保养使用梯子时，梯子未固定或使用不合格的梯子				
39		野外勘测前，未对驾驶车辆进行检查或驾驶员未接受交通安全培训				

2. 水环境监测中心日常安全检查表

水环境监测中心日常安全检查表见表7-24。

表7-24　　水环境监测中心日常安全检查表

检查人员：__________　　　　检查时间：__________

序号	检查项目	检查内容/部位	检查结果		问题描述	备注
			是（√）	否（×）		
1	场所环境	过道、走廊、楼梯等安全出口堆放杂物				
2		安全出口上锁、遮挡或者将消防安全疏散指示标志遮挡、覆盖				
3		安全出口、疏散通道及重点部位未设置应急照明灯				
4		灭火器配备不足、失效或被挪作他用的				
5		无证人员进行电气线路敷设、安装、维修				
6		办公室私接用电设备				
7		电气设备未与可燃物保持安全间距				
8		电气线路、设备长时间超负荷运行				
9		办公区存在违规用火、用电情况				
10		实验室、药品库等场所未配备相应类型的灭火器材				
11		实验室未配备应急医药箱				
12		剧毒物品存放不符合要求，未实行双人双锁共同管理				

续表

序号	检查项目	检查内容/部位	检查结果		问题描述	备注
			是（√）	否（×）		
13	场所环境	冲洗眼部设施离实验室过远，使用不方便				
14		实验室未配备安全挡板				
15	作业安全	野外作业未安排两人以上同时进行				
16		河流涉水采样前未对水深进行探测				
17		水流较急时，涉水采样人员未采取防护措施				
18		在桥上采样干扰到交通时，未设置警示标志				
19		在大面积水体上采样时，未穿戴防护用品				
20		利用酸或碱保存水样时，未穿戴防护用品				
21		分装或使用完化学品后未将容器盖盖紧				
22		无标签、标签有误、过期、变质等化学品或溶液，未及时处理				
23		实验室工作人员未穿戴安全防护用品，不熟悉各种化学品安全防范知识				
24		当用水稀释浓硫酸时，向浓硫酸中加水				
25		实验室工作人员直接闻危险化学品或用嘴吸移液管				
26		取用药品时，将头伸入通风橱中操作				
27		使用腐蚀性物质时，未正确使用防护用品				
28		经常使用腐蚀性物质处未备应急药品及喷淋水龙头				
29		实验室废气未经处理直接排出室外				
30		实验室废液使用玻璃器具长期存放				
31		将互为禁忌的化学物质混装于同一废物回收器内				
32		废液未经处理直接排入下水道				
33		放射性废物与一般实验室废弃物混于仪器存放				
34		实验中煮沸、烘干、蒸发未在通风橱中进行操作				
35		实验室无人工作时，除需连续供电的仪器设备外，未及时断电、水、气源				
36		气瓶未贮存在专用气瓶间中，或气瓶贮存环境不符合要求				
37		气瓶在使用过程中未竖直摆放或固定				
38		搬运气瓶时，用手执开关阀移动或横倒在地上滚动				
39		气瓶未按规定进行检验或超过使用年限未及时报废				
40		气瓶安全附件缺失				

3. 砂管基地日常安全检查表

砂管基地日常安全检查表见表7－25。

表7－25　　**砂管基地日常安全检查表**

检查人员：________　　　　检查时间：________

序号	检查项目	检查内容/部位	检查结果		问题描述	备注
			是（√）	否（×）		
1	场所环境	船舶的相关证件资料不全				
2		趸船的相关证件资料不全				
3		趸船系泊设施不牢固未及时处理				
4		趸船上无防撞缓冲设施或防撞缓冲设施损坏				
5		船舶停泊时，无船员值班				
6		枯枝树木堆积在钢缆绳上未及时清理				
7		趸船跳板不稳固，临水面无安全防护设施				
8		雨雪天气或严寒季节，趸船跳板未做防滑处理				
9		船舷边无安全防护装置				
10		趸船缆索磨损超过允许标准的情况，或钢丝绳出现扭绕，未及时更换				
11		未配备救生设备和专门管理人员				
12		趸船安全通道堵塞				
13		灭火器配备不足，或灭火器失效				
14		趸船电气线路、设备长时间超负荷运行				
15		趸船办公生活区存在违规用火、用电情况				
16		趸船厨房燃气管道未定期检查保养				
17		趸船私接用电设备				
18		趸船电气设备未与可燃物保持安全间距				
19		船舶堵漏器材配备不齐全				
20		未定期对趸船和执法船进行维护保养				
21		趸船附近水域未设置安全警示标志				
22	作业安全	船员未持证上岗，或聘用无适任证书的人员担任船员				
23		船员不熟悉水性，水上自救能力不足				
24		执法船在航行时，未采用安全航速航行				
25		船舶识别系统和通信导航设备不能正常使用				
26		执法船积水未及时抽排或抽水泵损坏				

续表

序号	检查项目	检查内容/部位	检查结果		问题描述	备注
			是（√）	否（×）		
27	作业安全	执法人员未对执法船上的救生衣进行质量检查和有效期检验				
28		执法人员执法作业时未穿救生衣				
29		系解缆作业、甲板作业等临水作业人员未穿戴防护用品				
30		执法船夜间航行，未采用安全航速航行				
31		夜间执法时，执法船照明不足、导航及雷达系统出现故障				